一本关于 Android Gradle 的权威书籍

基于新的 Android Gradle

Android Gradle 权威指南

飞雪无情◎编著

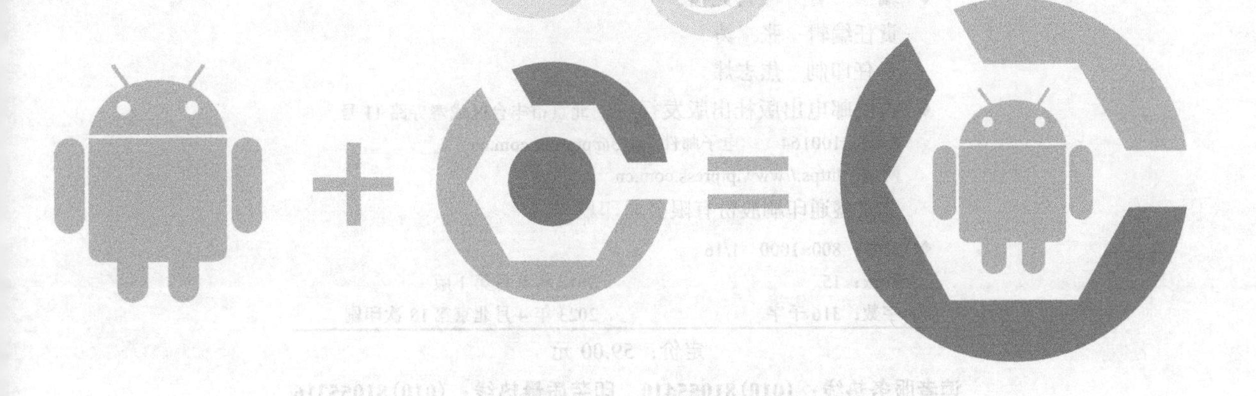

人民邮电出版社

北京

图书在版编目（CIP）数据

Android Gradle权威指南 / 飞雪无情编著. -- 北京：人民邮电出版社，2017.9（2023.4重印）
ISBN 978-7-115-46123-0

Ⅰ. ①A… Ⅱ. ①飞… Ⅲ. ①移动终端－应用程序－程序设计－指南 Ⅳ. ①TN929.53-62

中国版本图书馆CIP数据核字(2017)第165955号

内 容 提 要

本书全面讲解了 Android 下 Gradle 的详细用法，并结合实例，让读者达到学以致用的目的。本书主要内容如下：

第 1 章 Gradle 入门，讲解了配置 Gradle 环境、Gradle Wrapper、Gradle 命令行；第 2 章 Groovy 基础，讲解了字符串、闭包等；第 3 章讲解了 Gradle 构建脚本基础；第 4 章为 Gradle 任务；第 5 章 Gradle 插件；第 6 章 Java Gradle 插件；第 7 章 Android Gradle 插件；第 8 章自定义 Android Gradle 工程；第 9 章 Android Gradle 高级自定义；第 10 章 Android Gradle 多项目构建；第 11 章 Android Gradle 多渠道构建；第 12 章 Android Gradle 测试；第 13 章 Android Gradle NDK 支持；第 14 章 Android Gradle 持续集成等核心开发知识。

本书讲解通俗易懂，适合 Android 程序员阅读，也适合作为大专院校相关专业师生的学习用书和培训学校的教材。

◆ 编　　著　飞雪无情
　责任编辑　张　涛
　责任印制　焦志炜
◆ 人民邮电出版社出版发行　　北京市丰台区成寿寺路 11 号
　邮编　100164　　电子邮件　315@ptpress.com.cn
　网址　https://www.ptpress.com.cn
　北京盛通印刷股份有限公司印刷
◆ 开本：800×1000　1/16
　印张：15　　　　　　　　2017 年 9 月第 1 版
　字数：316 千字　　　　　2023 年 4 月北京第 18 次印刷

定价：59.00 元

读者服务热线：(010)81055410　印装质量热线：(010)81055316
反盗版热线：(010)81055315
广告经营许可证：京东市监广登字 20170147 号

前 言

背景

我 2010 年开始从事 Android 开发，是接触 Android 最早的那一批程序员，到现在也算是一个老兵了。最近几年 Android 很火，2013 年，Android 团队开始做 Android Studio 这个 IDE，想替换掉 ADT。Android Studio 是基于 Idea 开发的，它比 Eclipse 好用很多，而且又配合 Gradle 这个强大的构建工具，灵活，多工程构建方便，和 Maven 完美结合，比基于 Eclipse 的 ADT 强太多了，所以我就一直在关注 Android Gradle 的开发。

2014 年年底，Android Studio 发布 1.0 正式版，我就带领公司的整个 Android 开发团队，逐步完成了从 Eclipse ADT 到 Android Studio 的迁移。整个迁移过程中，遇到了很多问题，都慢慢地逐一解决，然后有时间的时候我就把遇到的这些问题总结到博客上，后来就接触到了很多用 Android Studio 开发的朋友，都是从 ADT 转过来的。从交流中我发现，大家对 Android Gradle 这种构建方式并不是很了解，都是很简单地会使用，如果真要遇到了什么问题，自己还是没有解决问题的能力，这主要是因为他们对 Gradle 这个构建工具以及 Android Gradle 这个构建插件不熟悉。

起因

仔细想想，其实不熟悉也属于正常，因为做 Android 研发的程序员，Android 的很多特性需要学习，除此之外，还要学习 SQLite 数据库、设计模式、业务等，哪有精力再去学 Android Gradle 构建呢，只是想：网上有现成的程序，抄过来，能运行通过不就好了吗！但是我要说，这是不对的。当问题你能解决而别人不能的时候，就是你“鹤立鸡群”的开始！

我以前做过 J2EE，学过 Groovy，接触过 Gradle，所以这是我的优势；在 ADT 迁移到 Android Studio 的时候又遇到了 Android Gradle 的很多“坑”，并且解决了，积累了经验，那么我可以把这些记录下来，让后来的所有人都可以查阅，以帮助大家解决项目中遇到的问题。一开始是记录在我的博客上，想到什么就写什么，但是发现没有系统性，很琐碎，不便于系统学习和了解 Android Gradle，所以就有了写书的想法，想通过由浅入深的介绍，融合我在项目中积累的经验，帮助大家更好地了解 Android Gradle，提高工作效率。

关于本书

本书是一本由浅入深讲解 Android Gradle 的书，本书将对 Gradle 基础、Groovy 基础、Gradle 插件、Android Gradle 构建、基于 Android Gradle 的单元测试和持续集成等做循序渐进的讲解，并且在讲解的过程中融入我在项目中遇到的问题、解决问题的思路以及方法。通过本书，你可以入门，并且深入了解 Gradle 以及 Android Gradle 构建，并以此为基础，深入 Android Gradle 相关知识点和使用技巧，让你在工作中事半功倍。

写作路线

本书分为 14 章，第 1～5 章介绍 Gradle、Groovy、Gradle Task、Gradle 插件等相关知识；第 6～10 章介绍 Android Gradle 的入门、构建、发布等相关知识；第 11～14 章则介绍基于 Android Gradle 的高级功能、单元测试以及持续集成等。

该路线也基本上是我在学习和研究的过程中总结规划的一条路线。因为我在学习的过程中，有的时候看到程序中的一种写法或者一个表示方式，不知道为什么这样用，当时只能记住，等到后面看到相关的介绍或者说明的时候才恍然大悟。但是这种方式不好，不易于理解和掌握 Android Gradle，所以贯穿本书的一点就是，所有知识都是先介绍、讲解说明，然后才会讲使用，让大家知其然并知其所以然。

代码约定以及下载

本书所有的 Gradle 脚本和 Android 代码都会遵循 Gradle 和 Android 规范，并且托管在 Github 上，以章节分目录和模块，便于查找。代码会随着书的更新而更新，下载地址如下：

Github 地址 https://github.com/rujews/android-gradle-book-code，大家可以 star 或者 fork。

代码开发环境

我一直提倡开发环境一定要是 Linux，不要使用 Windows，特别是做 Java、Android 开发，比如整个 Android 的源代码就不能在 Windows 系统下构建。Android 也是基于 Linux 平台的，只有使用它，才能更好地了解它，进而对你理解整个 Android 等有很大的帮助，而且在 Linux 系统下开发，其中提供的各种脚本、工具也能让你事半功倍。我从大学开始接触 Ubuntu 8.04，之后一直用它，2011 年年底开始带领公司整个 Android 团队把操作系统换成 Ubuntu，并一直使用到现在。

我在写作的过程中使用到的操作系统、SDK 工具包、IDE 等如下。

（1）操作系统：Ubuntu 16.04 发行版。

（2）JDK：OpenJDK 1.8.0。

（3）Gradle：Gradle 2.14.1 All 版。

（4）IDE：Android Studio 2.2.3。

（5）Android Plugin:Android Gradle 2.2.3。

（6）Android：API 23。

以上开发环境可能会在我写作的过程中更新，因为这些工具可能会有新版发布，所以我尽可能用最新版，尤其是 Android Gradle 这个插件的版本，这样我就能及时介绍它新发布的功能特性。

联系作者

遵循着为读者负责及用心写好书的原则，我会尽可能把 Android Gradle 的知识和我在项目中的经验写出来。本书可能会有不对的地方，希望大家能留言指正。如果觉得写得好，请不要吝啬给五星好评哦，你的鼓励就是对我最大的支持。下面是我的联系方式。

博客：http://www.flysnow.org/。

微信公众号：flysnow_org。

作者

目　　录

第1章 Gradle入门

Gradle是一款非常优秀的构建系统工具，它的DSL基于Groovy实现，可以让你很方便地通过代码控制这些DSL来达到你构建的目的。Gradle构建的大部分功能都是通过插件的方式来实现，所以非常灵活方便，如果内置插件不能满足你的需求你可以自定义自己的插件。

本章我们就介绍Gradle的入门知识，在介绍之前，我们先假定读者已经具备以下知识。

（1）了解并且会使用Java，精通最好。

（2）会独立搭建Java开发环境。

（3）最好会使用Linux操作系统，比如Ubuntu。

为什么会有这样的假定呢？因为这本书是介绍Android Gradle开发构建的书，所以不会讲Java的基本知识。希望读者会用Linux操作系统的原因，是因为本书的所有脚本、代码、IDE等都是基于Ubuntu完成的，当然比如涉及Gradle安装还会介绍一下Windows的安装步骤，但是不会太多涉及Windows的东西，所以还是希望读者在阅读本书前已经掌握了这些知识。

1.1 配置Gradle环境

安装之前确保已经安装配置好 Java 环境，要求 JDK 6 以上，并且在环境变量里配置了JAVA_HOME，查看Java版本可以在终端输入如下命令：

```
java -version
```

我这里使用的是open jdk 1.8.0_91：

```
➜  ~ java -version
openjdk version "1.8.0_91"
OpenJDK Runtime Environment (build 1.8.0_91-8u91-b14-3ubuntu1~16.04.1-b14)
OpenJDK 64-Bit Server VM (build 25.91-b14, mixed mode)
```

1.1.1　Linux 下搭建 Gradle 构建环境

这里以 Ubuntu 16.04 发行版为例介绍如何在 Linux 下搭建 Gradle 构建环境，其他诸如 CentOS 大同小异，参考一下就可以了。

我们这里以 Gradle 2.14.1 版本为准进行介绍。先到 Gradle 官网 https://gradle.org/ 下载好 Gradle SDK，直接下载地址为 https://downloads.gradle.org/distributions/gradle-2.14.1-all.zip。我们下载的是 all 版本，也就是说，里面包含了 Gradle SDK 所有相关的内容，包括源代码、文档、示例等。如果因为网络问题下载不了，可以使用镜像下载，镜像首页为 http://mirrors.flysnow.org/，该 Gradle 版本下载地址为 http://mirrors.flysnow.org/gradle/gradle-2.14.1-all.zip，下载之后进行解压，我们可以得到如下目录清单。

① docs：API、DSL、指南等文档。

② getting-started.html：入门链接。

③ init.d：gradle 的初始化脚本目录。

④ lib：相关库。

⑤ LICENSE。

⑥ media：一些 icon 资源。

⑦ NOTICE。

⑧ samples：示例。

⑨ src：源文件。

要运行 Gradle，必须把 GRADLE_HOME/bin 目录添加到你的环境变量 PATH 的路径里才可以。在 Linux 下，如果你只想为当前登录的用户配置可以运行 Gradle，那么可以编辑～/.bashrc 文件添加以下内容：

```
#这里是作者的 Gradle 目录，要换成你自己的
GRADLE_HOME=/home/flysnow/frame/gradle
```

```
PATH=${PATH}:${GRADLE_HOME}/bin
Export GRADLE_HOME PATH
```

上面 GRADLE_HOME 是我的 Gradle 解压后的目录，这里要换成你自己的。以上添加后保存，然后在终端输入 source ~/.bashrc，回车执行让刚刚的配置生效。

如果你想让所有用户都可以使用 Gradle，那么你就需要在/etc/profile 中添加以上内容，在这里添加后，对所有用户都生效，这种方式的添加，必须要重启计算机才可以。

好了，现在我们已经配置好了，要验证我们的配置是否正确，是否可以运行 Gradle，我们只需要打开终端，输入 gradle -v 命令查看即可。如果能正确显示 Gradle 版本号、Groovy 版本号、JVM 等相关信息，那么说明你已经配置成功了。这里以验证我的配置为例：

```
➜  ~ gradle -v
------------------------------------------------------------
Gradle 2.14.1
------------------------------------------------------------

Build time:   2016-10-20 03:46:36 UTC
Build number: none
Revision:     b463d7980c40d44c4657dc80025275b84a29e31f

Groovy:       2.4.4
Ant:          Apache Ant(TM) version 1.9.3 compiled on December 23 2013
JVM:          1.8.0_91 (Oracle Corporation 25.91-b14)
OS:           Linux 4.4.0-38-generic amd64
```

1.1.2 Windows 下搭建 Gradle 构建环境

Windows 下搭建 Gradle 环境和 Linux 非常相似，只不过方式不同。我们通过右击我的电脑，打开属性面板，然后找到环境变量配置项，添加 GRADLE_HOME 环境变量，然后把 GRADLE_HOME\bin 添加到 PATH 系统变量里保存即可。完成后打开 CMD，运行 gradle -v 来进行验证，整体效果和 Linux 差不多，这里就不再一一详述。

1.2 Gradle 版 Hello World

环境搭建好了，那么我们就开始写一个 Hello World 版的 Gradle 脚本。

新建好一个目录，我这里是 android-gradle-book-code，然后在该目录下创建一个名为 build.gradle 的文件，打开编辑该文件，输入以下内容：

```
task hello{
    doLast{
        println'Hello World!'
    }
}
```

打开终端，然后移动到 android-gradle-book-code 下，使用 gradle -q hello 命令来执行构建脚本：

```
$ gradle -q hello
Hello World!
```

好了，如愿以偿地打印出来我们想要的结果，下面我们一步步分析结果产生的步骤和原因。build.gradle 是 Gradle 默认的构建脚本文件，执行 Gradle 命令的时候，会默认加载当前目录下的 build.gradle 脚本文件。熟悉 Ant 的读者感觉和 build.xml 差不多，当然你也可以通过 -b 参数指定想要加载执行的文件。

这个构建脚本定义一个任务（Task），任务名字叫 hello，并且给任务 hello 添加了一个动作，官方名字是 Action，阅读 Gradle 源代码你会到处见到它，其实它就是一段 Groovy 语言实现的闭包。在这里我觉得叫业务代码逻辑或者回调实现更贴切一些，因为 doLast 就意味着在 Task 执行完毕之后要回调 doLast 的这部分闭包的代码实现。

熟悉 Ant 的读者，会觉得任务（Task）和 Ant 里的 Target（目标）非常相似。其实没错，现在可以认为它们基本上相同。

再看 gradle -q hello 这段运行命令，意思是要执行 build.gradle 脚本中定义的名为 hello 的 Task，-q 参数用于控制 gradle 输出的日志级别，以及哪些日志可以输出被看到。

看到 println 'Hello World!' 了吗，它会输出 Hello World!，通过名字相信大家已经猜出来了，它其实就是 System.out.println("Hello World!")的简写方式。Gradle 可以识别它，是因为 Groovy 已经把 println()这个方法添加到 java.lang.Object，而在 Groovy 中，方法的调用可以省略签名中的括号，以一个空格分开即可，所以就有了上面的写法。还有一点要说明的就是，在 Groovy 中，单引号和双引号所包含的内容都是字符串；不像 Java 中，单引号是字符，双引号才是字符串。

1.3 Gradle Wrapper

Wrapper，顾名思义，其实就是对 Gradle 的一层包装，便于在团队开发过程中统一 Gradle 构建的版本，这样大家都可以使用统一的 Gradle 版本进行构建，避免因为 Gradle 版本不统一带来的不必要的问题。

在这里特别介绍的目的是因为，我们在项目开发过程中，用的都是 Wrapper 这种方式，而不是我们在 1.1 节里介绍的自己下载 ZIP 压缩包，配置 Gradle 的环境的方式。Wrapper 在 Windows 下是一个批处理脚本，在 Linux 下是一个 shell 脚本。当你使用 Wrapper 启动 Gradle 的时候，Wrapper 会检查 Gradle 有没有被下载关联，如果没有将会从配置的地址（一般是 Gradle 官方库）进行下载并运行构建。这对我们每个开发人员是非常方便的，因为你不用去专门配置环境了，只要执行 Wrapper 命令，它会帮你搞定一切。这种方式也方便我们在服务器上做持续集成（CI），因为我们不用在服务器上配置 Gradle 环境。

1.3.1 生成 Wrapper

Gradle 提供了内置的 Wrapper task 帮助我们自动生成 Wrapper 所需的目录文件，在一个项目的根目录中输入 gradle wrapper 即可生成：

```
$ gradle wrapper
:wrapper

BUILD SUCCESSFUL

Total time: 2.804 secs

This build could be faster, please consider using the Gradle Daemon: http://gradle.
org/docs/2.14.1/userguide/gradle_daemon.html
```

生成的文件如下：

```
├──gradle
│   └──wrapper
│       ├──gradle-wrapper.jar
│       └──gradle-wrapper.properties
├──gradlew
└──gradlew.bat
```

gradlew 和 gradlew.bat 分别是 Linux 和 Windows 下的可执行脚本，它们的用法和 Gradle 原生命令是一样的，Gradle 怎么用，它们也就可以怎么用。gradle-wrapper.jar 是具体业务逻辑实现的 jar 包，gradlew 最终还是使用 Java 执行的这个 jar 包来执行相关 Gradle 操作。gradle-wrapper.properties 是配置文件，用于配置使用哪个版本的 Gradle 等，稍后会详细讲解。

这些生成的 Wrapper 文件可以作为你项目工程的一部分提交到代码版本控制系统里(Git)，这样其他开发人员就会使用这里配置好的、统一的 Gradle 进行构建开发。

1.3.2 Wrapper 配置

当我们在终端执行 gradle wrapper 生成相关文件的时候，可以为其指定一些参数，来控制 Wrapper 的生成，比如依赖的版本等，如表 1-1。

表 1-1　Wrapper 配置参数

参数名	说明
--gradle-version	用于指定使用的 Gradle 版本
--gradle-distribution-url	用于指定下载 Gradle 发行版的 url 地址

使用方法为 gradle wrapper --gradle-version 2.4，这样就意味着我们配置 Wrapper 使用 2.4 版本的 Gradle，它会影响 gradle-wrapper.properties 中的 distributionUrl 的值，该值的规则是 http\://services.gradle.org/distributions/gradle-${gradleVersion}-bin.zip。

如果我们在调用 gradle wrapper 的时候不添加任何参数，那么就会使用你当前 Gradle 的版本作为生成的 Wrapper 的 gradle version。例如，你当前安装的 Gradle 是 2.8 版本的，那么生成的 Wrapper 也是 2.8 版本的。

1.3.3 gradle-wrapper.properties

该配置文件是 gradle wrapper 的相关配置文件，我们上面执行该任务的任何配置都会被写进该文件中。现在我们来看看该文件的配置字段，如表 1-2。

表 1-2　gradle-wrapper.properties 的配置字段

字段名	说明
distributionBase	下载的 Gradle 压缩包解压后存储的主目录
distributionPath	相对于 distributionBase 的解压后的 Gradle 压缩包的路径
zipStoreBase	同 distributionBase，只不过是存放 zip 压缩包的
zipStorePath	同 distributionPath，只不过是存放 zip 压缩包的
distributionUrl	Gradle 发行版压缩包的下载地址

我们比较关注的就是 distributionUrl 这个字段，这个决定你的 gradle wrapper 依赖哪个 Gradle 版本。一般生成的都是这样的 https\://services.gradle.org/distributions/gradle-2.14.1-bin.zip，我通常都会把 bin 改为 all，这样在开发过程中，就可以看到 Gradle 的源代码了。

基于 Gradle 2.14.1 默认生成的 gradle-wrapper.properties 如下：

```
#Wed Sep 16 23:14:52 CST 2016
distributionBase=GRADLE_USER_HOME
distributionPath=wrapper/dists
zipStoreBase=GRADLE_USER_HOME
zipStorePath=wrapper/dists
distributionUrl=https\://services.gradle.org/distributions/gradle-2.14.1-bin.zip
```

distributionUrl 是下载 Gradle 的路径，如果运行./gradlew 的时候计算机一直被卡着不动，可能是因为官方的 Gradle 地址被封闭了，建议把该地址换成别的镜像地址。

1.3.4 自定义 Wrapper Task

前面我们讲了，gradle-wrapper.properties 是由 Wrapper Task 生成的，那么我们是否可以自定义配置该 Wrapper task 来达到我们配置 gradle-wrapper.properties 的目的呢？答案是肯定的。在 build.gradle 构建文件中录入如下脚本：

```
task wrapper(type: Wrapper) {
    gradleVersion = '2.4'
}
```

这样我们再执行 gradle wrapper 的时候，就会默认生成 2.4 版本的 wrapper 了，而不用使用 --gradle-version 2.4 进行指定了。同样，你也可以配置其他参数：

```
task wrapper(type: Wrapper) {
    gradleVersion = '2.4'
    archiveBase = 'GRADLE_USER_HOME'
    archivePath = 'wrapper/dists'
    distributionBase = 'GRADLE_USER_HOME'
    distributionPath = 'wrapper/dists'
    distributionUrl = 'http\://services.gradle.org/distributions/gradle-2.4-all.zip'
}
```

以上是我自己配置的一些值，也可以修改成你自己的。

1.4 Gradle 日志

在这里单独介绍 Gradle 日志是为了便于我们在遇到问题的时候，能够根据日志信息分析和解决问题。Gradle 的日志和 Java、Android 的差不多，也分一些级别，用于分类显示日志信息，这样我们只需根据不同的情况显示不同类别的信息，不至于被大量的日志搞得晕头转向。

1.4.1 日志级别

上面提到 Gradle 的日志级别和我们使用的大部分语言的差不多。除了这些通用的之外，Gradle 又增加了 QUIET 和 LIFECYCLE 两个级别，用于标记重要以及进度级别的日志信息，如表 1-3。

表 1-3　日志级别

级别	用于
ERROR	错误消息
QUIET	重要消息
WARNING	警告消息
LIFECYCLE	进度消息
INFO	信息消息
DEBUG	调试信息

表 1-3 明确列出了 6 种日志级别以及它们的作用，现在我们就看一下怎样使用它们。要使用它们，显示我们想要显示级别的日志，就要通过命令行选项中的日志开关来控制。

```
#输出 QUIET 级别及其之上的日志信息
$ gradle -q tasks
#输出 INFO 级别及其之上的日志信息
$ gradle -i tasks
```

以下列出所有通过命令行开关选项可以控制的级别，在命令行里只需加上这些选项即可控制使用，如表 1-4。

表 1-4　　日志开关选项

开关选项	输出的日志级别
无选项	LIFECYCLE 及其更高级别
-q 或者 --quiet	QUIET 及其更高级别
-i 或者 --info	INFO 及其更高级别
-d 或者 --debug	DEBUG 及其更高级别，这一般会输出所有日志

1.4.2　输出错误堆栈信息

在使用 Gradle 构建的时候，难免会有这样或者那样的问题导致你的构建失败，这时就需要你根据日志分析解决问题。除了以上的日志信息之外，Gradle 还提供了堆栈信息的打印，相信大家用过 Java 语言的都会很熟悉错误堆栈信息，它能帮助我们很好地定位和分析问题。

默认情况下，堆栈信息的输出是关闭的，需要我们通过命令行的堆栈信息开关打开它，这样在我们构建失败的时候，Gradle 才会输出错误堆栈信息，便于我们定位分析和解决问题，如表 1-5。

表 1-5　　错误堆栈开关选项

命令行选项	用于
无选项	没有堆栈信息输出
-s 或者 --stacktrace	输出关键性的堆栈信息
-S 或者--full-stacktrace	输出全部堆栈信息

一般推荐使用-s 而不是-S，因为-S 输出的堆栈太多太长，非常不好看；而-s 比较精简，可以定位解决我们大部分的问题。

1.4.3　自己使用日志信息调试

在编写 Gradle 脚本的过程中，我们有时候需要输出一些日志，来验证我们的逻辑或者一些变量的值是否正确，这时候我们就可以使用 Gradle 提供的日志功能。

通常情况下我们一般都是使用 print 系列方法，把日志信息输出到标准的控制台输出流（它被 Gradle 定向为 QUIET 级别日志）：

```
println'输出一段日志信息'
```

除了 print 系列方法之外，你也可以使用内置的 logger 更灵活地控制输出不同级别的日志信息：

```
logger.quiet('quiet 日志信息.')
logger.error('error 日志信息.')
logger.warn('warn 日志信息.')
logger.lifecycle('lifecycle 日志信息.')
logger.info('info 日志信息.')
logger.debug('debug 日志信息.')
```

这里其实是调用的 Project 的 getLogger()方法获取的 Logger 对象的实例。

1.5 Gradle 命令行

Gradle 命令行单独用一节讲解的目的是，想提倡大家尽可能使用命令行，而不要太依赖于各种 IDE。虽然 IDE 很方便，但是，如果你换了一家公司，不使用这个 IDE，如果让你做自动构建没有 IDE 可用，全部都是基于命令行的。这个就像我们第一次学习编程语言时老师没说让你用 IDE，而是直接用记事本或者其他文本工具写程序，目的就是让我们不要太依赖第三方工具，这样才能以不变应万变。那么 IDE 该不该用，有没有必要，这个是肯定的，一定要用，因为它能提高工作效率。但是用之前你要知道如果不借助 IDE 做一件事，比如执行 Gradle 一个 Task，在 Android Studio 下很简单，双击那个 Task 就可以执行了，但是如果没有 Android Studio，你也要知道如何在命令行下运行它。我们要知其所以然，不然你的开发水平很难提高。

1.5.1　记得使用帮助

命令行下的工具都有命令。若刚开始我们不会用或者不知道有什么命令或者参数，我们可以通过帮助来了解。基本上所有的命令行工具都有帮助，查看帮助的方式也很简单，基本上都是在命令后跟-h 或者--help，有的时候会有-?，以 Gradle Wrapper 为例：

```
./gradlew -?
./gradlew -h
./gradlew -help
```

1.5.2　查看所有可执行的 Tasks

有时候我们不知道如何构建一个功能，不知道执行哪个 Task，这时候就需要查看哪些 Task

可执行，都具备什么功能。通过运行./gradlew tasks 命令，输出如下：

```
:tasks

------------------------------------------------------------
All tasks runnable from root project
------------------------------------------------------------

Build Setup tasks
-----------------
init - Initializes a new Gradle build. [incubating]
wrapper - Generates Gradle wrapper files. [incubating]

Help tasks
----------
components - Displays the components produced by root project 'flysnow'. [incubating]
dependencies - Displays all dependencies declared in root project 'flysnow'.
dependencyInsight - Displays the insight into a specific dependency in root project
'flysnow'.
help - Displays a help message.
model - Displays the configuration model of root project 'flysnow'. [incubating]
projects - Displays the sub-projects of root project 'flysnow'.
properties - Displays the properties of root project 'flysnow'.
tasks - Displays the tasks runnable from root project 'flysnow'.

To see all tasks and more detail, run gradle tasks --all

To see more detail about a task, run gradle help --task <task>

BUILD SUCCESSFUL

Total time: 2.321 secs
This build could be faster, please consider using the Gradle Daemon: http://gradle.org/
docs/2.14.1/userguide/gradle_daemon.html
```

从输出中我们可以看到，Gradle 会以分组的方式列出 Task 列表，比如构建类的有 init、wrapper，帮助类的有 help、tasks 等。

1.5.3 Gradle Help 任务

除了上面我们说的每个命令行都有帮助外，Gradle 还内置了一个 help task，这个 help 可以让我们了解每一个 Task 的使用帮助，用法是 ./gradlew help –task。比如 ./gradlew help --task tasks，就可以显示 tasks 任务的帮助信息：

```
:help
Detailed task information for tasks

Path
     :tasks

Type
     TaskReportTask (org.gradle.api.tasks.diagnostics.TaskReportTask)

Options
     --all     Show additional tasks and detail.

Description
     Displays the tasks runnable from root project 'android-gradle-book-code' (some
of the displayed tasks may belong to subprojects).

Group
     help

BUILD SUCCESSFUL
```

从帮助信息中我们可以看到这个 Task 有什么用，是什么类型，属于哪个分组，有哪些可以使用的参数。比如这里就有--all 参数，可以查看很多额外的详细信息。

1.5.4　强制刷新依赖

我们一个功能不可避免地会依赖很多第三方库。像 Maven 这类工具都是有缓存的，因为不可能每次编译的时候都要重新下载第三方库，缓存就是这个目的，先使用缓存，没有再下载第三方库。默认情况下 Maven 这类工具会控制缓存的更新，但是也有例外，比如 Version，里面的代码变了，还有就是联调测试时使用的 snapshot 版本。以上两种情况我们在实际项目中都遇到过，最后就是通过强制刷新解决的。强制刷新很简单，只要在命令行运行的时候加上--refresh-dependencies 参数就可以，这是 IDE 很难做到的（需要你了解配置）。所以，命令行的优势就体现出来了，非常简单：

```
./gradlew --refresh-dependencies assemble
```

其他还有很多有用的命令、参数以及 Tasks，就不一一介绍了，大家可以通过上面讲的两种帮助方法来了解。

1.5.5 多任务调用

有时候我们需要同时运行多个任务，比如在执行 jar 之前先进行 clean，那么我们就需要先执行 clean 对 class 文件清理，然后再执行 jar 生成一个 jar 包。通过命令行执行多个任务非常简单，只需要按顺序以空格分开即可，比如./gradlew clean jar，这样就可以了。有更多的任务时，可以继续添加。

1.5.6 通过任务名字缩写执行

有的时候我们的任务名字很长，如果在执行的时候全部写一遍也挺费时间，为此 Gradle 提供了基于驼峰命名法的缩写调用，比如 connectCheck，我们执行的时候可以使用./gradlew connectCheck，也可以使用./gradlew cc 这样的方式来执行。

第2章 Groovy基础

Groovy是基于JVM虚拟机的一种动态语言，它的语法和Java非常相似，由Java入门学习Groovy基本上没有任何障碍。Groovy完全兼容Java，又在此基础上增加了很多动态类型和灵活的特性，比如支持闭包，支持DSL，可以说它是一门非常灵活的动态脚本语言。

Groovy的特性虽然不多，但我们不可能在这里都讲完，这也不是本书的初衷。在这里我挑一些和Gradle有关的知识讲，让大家很快入门Groovy，并且能看懂这门脚本语言，知道在Gradle中为什么这么写。每个Gradle的build脚本文件都是一个Groovy脚本文件，你可以在里面写任何符合Groovy语法的代码，比如定义类，声明函数，定义变量等；而Groovy又完全兼容Java，这就意味着你可以在build脚本文件里写任何的Java代码，非常灵活方便。

2.1 字符串

每一门编程语言都会有对字符串的处理，Java相对要稍微复杂一些，对程序员的开发限制比较多。相比而言，Groovy非常方便，比如字符串的运算、求值、正则等。

在Groovy中，分号不是必需的。相信很多用Java的读者都习惯了每一行的结束必须有分号，但是Groovy没这个强制规定，所以，你看到的Gradle脚本很多都没有分号，这是Groovy的特性，而不是Gradle的。

在Groovy中，单引号和双引号都可以定义一个字符串常量(Java里单引号定义一个字符)，不同的是单引号标记的是纯粹的字符串常量，而不是对字符串里的表达式做运算，但是双引号可以，具体实例如下：

```
task printStringClass << {
    def str1 = '单引号'
    def str2 = "双引号"

    println "单引号定义的字符串类型:"+str1.getClass().name
    println "双引号定义的字符串类型:"+str2.getClass().name
}
```

./gradlew printStringClass 运行后我们可以看到输出：

```
单引号定义的字符串类型:java.lang.String
双引号定义的字符串类型:java.lang.String
```

不管是单引号定义的还是双引号定义的都是 String 类型。刚刚我们讲了单引号不能对字符串里的表达式做运算，下面我们看一个例子：

```
task printStringVar << {
    def name = "张三"

    println '单引号的变量计算:${name}'
    println "双引号的变量计算:${name}"
}
```

./gradlew printStringVar 运行后输出：

```
单引号的变量计算:${name}
双引号的变量计算:张三
```

从程序中可以看到，双引号标记的表达式输出了我们想要的结果，但是单引号没有。所以大家应记住，单引号没有运算能力，它里面的所有表达式都是常量字符串。

双引号可以直接进行表达式计算的这个能力非常好用，我们可以用这种方式进行字符串连接运算，再也不用 Java 中烦琐的“+”号了。记住这个嵌套的规则，一个美元符号紧跟着一对花括号，花括号里放表达式，比如${name}、${1+1}等，只有一个变量的时候可以省略花括号，如$name。

2.2 集合

集合也是我们在 Java 中经常用到的。Groovy 完全兼容了 Java 的集合，并且进行了扩展，使得声明一个集合，迭代一个集合，查找集合的元素等操作变得非常容易。常见的集合有 List、Set、Map 和 Queue，这里我们只介绍常用的 List 和 Map。

2.2.1　List

在 Java 里，定义一个 List，需要 New 一个实现了 List 接口的类，太烦琐。在 Groovy 中则非常简单：

```
task printList << {
    def numList =[1,2,3,4,5,6];
    println numList.getClass().name
}
```

通过程序运行输出看到，numList 是一个 ArrayList 类型。

定义好集合了，怎么访问它里面的元素呢，像 Java 一样，使用 get 方法？这样太落后了。Groovy 提供了非常简便的方法：

```
task printList << {
    def numList =[1,2,3,4,5,6];
    println numList.getClass().name

    println numList[1]//访问第二个元素
    println numList[-1]//访问最后一个元素
    println numList[-2]//访问倒数第二个元素
    println numList[1..3]//访问第二个到第四个元素
}
```

Groovy 提供下标索引的方式访问，就像数组一样，除此之外，还提供了负下标和范围索引。负下标索引代表从右边开始，–1 就代表从右侧数第一个，–2 代表从右侧数第二个，以此类推；1..3 这种是一个范围索引，中间用两个“.”分开，这个会经常遇到。

除了访问方便之外，Groovy 还为 List 提供了非常方便的迭代操作，这就是 each 方法。该方法接受一个闭包作为参数，可以访问 List 里的每个元素：

```
task printList << {
    def numList =[1,2,3,4,5,6];
    println numList.getClass().name
```

```
    println numList[1]//访问第二个元素
    println numList[-1]//访问最后一个元素
    println numList[-2]//访问倒数第二个元素
    println numList[1..3]//访问第二个到第四个元素

    numList.each {
        println it
    }
}
```

it 变量就是正在迭代的元素，这里有闭包的知识，我们可以先这么记住，后面会详细讲解。

2.2.2 Map

Map 用法和 List 很像，只不过它的值是一个 K:V 键值对。所以，在 Groovy 中 Map 的定义也非常简单：

```
task printlnMap << {
    def map1 =['width':1024,'height':768]
    println map1.getClass().name
}
```

访问也非常灵活容易，采用 map[key]或者 map.key 的方式都可以：

```
task printlnMap << {
    def map1 =['width':1024,'height':768]
    println map1.getClass().name

    println map1['width']
    println map1.height
}
```

这两种方式都能快速取出指定 key 的值，比用 Java 方便多了。

对于 Map 的迭代，当然也少不了 each 方法，只不过被迭代的元素是一个 Map.Entry 的实例：

```
task printlnMap << {
    def map1 =['width':1024,'height':768]
    println map1.getClass().name

    println map1['width']
    println map1.height
```

```
    map1.each {
        println "Key:${it.key},Value:${it.value}"
    }
}
```

对于集合，Groovy 还提供了诸如 collect、find、findAll 等便捷的方法，有兴趣的读者可以找相关文档看一下，这里就不一一讲了。

2.3 方法

对于方法大家都不陌生，这里特别用一节讲方法的目的主要是，讲 Groovy 方法和 Java 的不同。然后我们才能看明白 Gradle 脚本里的代码，会发现有的是方法调用。

2.3.1 括号是可以省略的

我们在 Java 中调用一个方法都是用 invokeMethod(parm1,parm2)，非常规范，Java 就是这么中规中矩的语言。在 Groovy 中就要灵活得多，可以省略()，变成 invokeMethod parm1、parm2 这样，是不是觉得非常简洁，这在定义 DSL 的时候非常有用，书写也非常方便：

```
task invokeMethod << {
    method1(1,2)
    method1 1,2
}

def method1(int a,int b){
    println a+b
}
```

上例中这两种调用方式的结果是一样的，但第二种更简洁，Gradle 中的方法调用都是这种写法。

2.3.2 return 是可以不写的

在 Groovy 中，我们定义有返回值的方法时，return 语句不是必需的。当没有 return 的时候，Groovy 会把方法执行过程中的最后一句代码作为其返回值：

```
task printMethodReturn << {
    def add1 = method2 1,2
    def add2 = method2 5,3
    println "add1:${add1},add2:${add2}"
}

def method2(int a,int b){
    if(a>b){
        a
    }else{
        b
    }
}
```

执行./gradlew printMethodReturn 后可以看到输出：

```
add1:2,add2:5
```

从例子中可以看出，当 a 作为最后一行被执行的代码时，a 就是该方法的返回值；反之则是 b。

2.3.3 代码块是可以作为参数传递的

代码块——一段被花括号包围的代码，其实就是我们后面要讲的闭包。Groovy 是允许其作为参数传递的，但是结合我们上面讲的方法特性来用，最后的基于闭包的方法调用就会非常优雅、易读。以集合的 each 方法为例，它接受的参数其实就是一个闭包：

```
//呆板的写法其实是这样
numList.each({println it})
//我们格式化一下，是不是好看一些
numList.each({
    println it
})
//好看一些，Groovy 规定，如果方法的最后一个参数是闭包，可以放到方法外面
numList.each(){
    println it
}
//然后方法可以省略，就变成我们经常看到的样式
numList.each {
    println it
}
```

了解了这个演进方式，你再看到类似的写法就明白了，这原来是一个方法调用。以此类推，你也知道怎么定义一个方法，让别人这么调用。

2.4 JavaBean

JavaBean 是一个非常好的概念，你现在看到的组件化、插件化、配置集成等都是基于 JavaBean。在 Java 中为了访问和修改 JavaBean 的属性，我们不得不重复生成 getter/setter 方法，并且使用它们，太烦琐，这在 Groovy 中得到很大的改善：

```
task helloJavaBean << {
    Person p = new Person()

    println "名字是：${p.name}"
    p.name = "张三"
    println "名字是：${p.name}"
}

class Person {
    private String name
}
```

在没有给 name 属性赋值的时候，输出是 null；赋值后，输出的就是“张三”了。通过上面例子，我们发现，在 Groovy 中可以非常容易地访问和修改 JavaBean 的属性值，而不用借助 getter/setter 方法，这是因为 Groovy 都帮我们搞定了一些功能。

在 Groovy 中，并不是一定要定义成员变量才能作为类的属性访问，我们直接用 getter/setter 方法，也一样可以当作属性访问：

```
task helloJavaBean << {
    Person p = new Person()

    println "名字是：${p.name}"
    p.name = "张三"
    println "名字是：${p.name}"
    println "年龄是：${p.age}"
}

class Person {
    private String name
```

```
    public int getAge(){
        12
    }
}
```

通过上面的例子可以发现，我并没有定义一个 age 的成员变量，但是一样可以通过 p.age 获取到该值，这是因为定义了 getAge()方法。那么这时候我们能不能修改 age 的值呢？答案是不能的，因为我们没有为其定义 setter 方法。

在 Gradle 中你会见到很多这种写法，开始会以为这是该对象的一个属性，其实只是因为该对象里定义了相应的 getter/setter 方法而已。

2.5 闭包

闭包是 Groovy 的一个非常重要的特性，可以说它是 DSL 的基础。闭包不是 Groovy 的首创，但是它支持这一重要特性，这就使代码灵活、轻量、可复用，再也不用像 Java 一样动不动就要用一个类了。虽然 Java 后来有了匿名内部类，但是一样冗余不灵活。

2.5.1 初识闭包

前面我们讲过，闭包其实就是一段代码块，下面我们就一步步实现自己的闭包，了解闭包的 it 变量的由来。集合的 each 方法我们已经非常熟悉了，我们就以其为例，实现一个类似的闭包功能：

```
task helloClosure << {
    //使用我们自定义的闭包
    customEach {
        println it
    }
}
def customEach(closure){
    //模拟一个有 10 个元素的集合，开始迭代
    for(int i in 1..10){
        closure(i)
    }
}
```

在上面的例子中我们定义了一个方法 customEach，它只有一个参数，用于接收一个闭包（代码块）。那么这个闭包如何执行呢？很简单，跟一对括号就是执行了。会 JavaScript 的读者是不是觉得这种情况的应用很熟悉，把它当作一个方法调用，括号里的参数就是该闭包接收的参数，如果只有一个参数，那么就是我们的 it 变量了。

2.5.2　向闭包传递参数

上一小节我们讲了，当闭包有一个参数时，默认就是 it；当有多个参数时，it 就不能表示了，我们需要把参数一一列出：

```
task helloClosure << {
    //多个参数
    eachMap {k,v ->
        println "${k} is ${v}"
    }
}

def eachMap(closure){
    def map1 = ["name":"张三","age":18]
    map1.each {
        closure(it.key,it.value)
    }
}
```

从例子中我们可以看到，我们为闭包传递了两个参数，一个 key，另一个 value，便于我们演示。这时我们就不能使用 it 了，必须要显式声明出来，如例子中的 k、v、->用于把闭包的参数和主体区分开来。

2.5.3　闭包委托

Groovy 闭包的强大之处在于它支持闭包方法的委托。Groovy 的闭包有 thisObject、owner、delegate 三个属性，当你在闭包内调用方法时，由它们来确定使用哪个对象来处理。默认情况下 delegate 和 owner 是相等的，但是 delegate 是可以被修改的，这个功能是非常强大的，Gradle 中的闭包的很多功能都是通过修改 delegate 实现的：

```
task helloDelegate << {
    new Delegate().test {
        println "thisObject:${thisObject.getClass()}"
        println "owner:${owner.getClass()}"
        println "delegate:${delegate.getClass()}"
```

```
            method1()
            it.method1()
        }
    }

    def method1(){
        println "Context this:${this.getClass()} in root"
        println "method1 in root"
    }
    class Delegate {
        def method1(){
            println "Delegate this:${this.getClass()} in Delegate"
            println "method1 in Delegate"
        }

        def test(Closure<Delegate> closure){
            closure(this)
        }
    }
```

运行程序可以看到输出：

```
thisObject:class build_e27c427w88bo0afju9niqltzf
owner:class build_e27c427w88bo0afju9niqltzf$_run_closure2
delegate:class build_e27c427w88bo0afju9niqltzf$_run_closure2
Context this:class build_e27c427w88bo0afju9niqltzf in root
method1 in root
Delegate this:class Delegate in Delegate
method1 in Delegate
```

通过上面的例子我们发现，thisObject 的优先级最高，默认情况下，优先使用 thisObject 来处理闭包中调用的方法，如果有则执行。从输出中我们也可以看到，这个 thisObject 其实就是这个构建脚本的上下文，它和脚本中的 this 对象是相等的。

从例子中也证明了 delegate 和 owner 是相等的，它们两个的优先级是：owner 要比 delegate 高。所以闭包内方法的处理顺序是：thisObject>owner>delegate。

在 DSL 中，比如 Gradle，我们一般会指定 delegate 为当前的 it，这样我们在闭包内就可以对该 it 进行配置，或者调用其方法：

```
task configClosure << {
    person {
        personName = "张三"
        personAge = 20
        dumpPerson()

    }
}

class Person {
```

```
    String personName
    int personAge

    def dumpPerson(){
        println "name is ${personName},age is ${personAge}"
    }
}

def person(Closure<Person> closure){
    Person p = new Person();
    closure.delegate = p
    //委托模式优先
    closure.setResolveStrategy(Closure.DELEGATE_FIRST);
    closure(p)
}
```

例子中我们设置了委托对象为当前创建的 Person 实例，并且设置了委托模式优先，所以，我们在使用 person 方法创建一个 Person 的实例时，可以在闭包里直接对该 Person 实例配置。有没有发现和我们在 Gradle 中使用 task 创建一个 Task 的用法很像，其实在 Gradle 中有很多类似的用法，在 Gradle 中也基本上都是使用 delegate 的方式使用闭包进行配置等操作。

2.6 DSL

DSL(Domain Specific Language)的中文意思是领域特定语言，说白了就是专门关注某一领域的语言，它在于专，而不是全，所以才叫领域特定的，而不是像 Java 这种通用全面的语言。

Gradle 就是一门 DSL，它是基于 Groovy 的，专门解决自动化构建的 DSL。自动化构建太复杂、太专业，我们理解不了，为了帮助人们使用，专家们就开发了 DSL——Gradle。我们作为开发者只要按照 Gradle DSL 定义的语法，书写相应的 Gradle 脚本就可以达到自动化构建的目的，这也是 DSL 的初衷。

DSL 涉及的东西还有很多，这里我们简单提一下概念，让大家有一个了解。关于这方面更详细的介绍可以阅读世界级软件开发大师 Martin Fowler 的《领域特定语言》，这本书介绍得非常详细。

第3章　Gradle 构建脚本基础

从这章开始，会对 Gradle 有一个大概的介绍，帮助大家快速入门 Gradle。本章从整体构建脚本的角度介绍 Gradle，什么是 Settings 文件，它有什么作用；什么是 Build 文件，它又有什么作用，我们可以新建多少 Build 文件。

然后会介绍 Gradle 的两个重要的概念：Project 和 Task，它们有什么作用，又有什么关系，如何创建一个 Task，如何对 Task 进行配置，Task 之间如何建立依赖关系，Task 如何使用 API 控制和 Task 之间的通信等。最后介绍的是自定义属性，它们有何作用，如何定义，什么时候会用到等。最后强调的是脚本就是代码，以写代码的方式来写脚本，灵活运用。

3.1 Settings 文件

在 Gradle 中，定义了一个设置文件，用于初始化以及工程树的配置。设置文件的默认名字是 settings.gradle，放在根工程目录下。

设置文件大多数的作用都是为了配置子工程。在 Gradle 中多工程是通过工程树表示的，就相当于我们在 Android Studio 看到的 Project 和 Module 概念一样。根工程相当于 Android Studio 中的 Project，一个根工程可以有很多子工程，也就是很多 Module，这样就和 Android Studio 定义的 Module 概念对应上了。

一个子工程只有在 Settings 文件里配置了 Gradle 才会识别，才会在构建的时候被包含进去：

```
rootProject.name = 'android-gradle-book-code'

include ':example02'
project(':example02').projectDir = new File(rootDir, 'chapter01/example02')
```

```
include ':example03'
project(':example03').projectDir = new File(rootDir, 'chapter01/example03')
include ':example04'
project(':example04').projectDir = new File(rootDir, 'chapter01/example04')

include ':example21'
project(':example21').projectDir = new File(rootDir, 'chapter02/example21')
include ':example22'
project(':example22').projectDir = new File(rootDir, 'chapter02/example22')
include ':example23'
project(':example23').projectDir = new File(rootDir, 'chapter02/example23')
include ':example24'
project(':example24').projectDir = new File(rootDir, 'chapter02/example24')
include ':example25'
project(':example25').projectDir = new File(rootDir, 'chapter02/example25')
```

上例这就是我们示例工程的 setting 配置，可以看到我定义了很多子项目，并且为它们指定了相应的目录，如果不指定，默认目录是其同级的目录。比如 include ':example02'，如果我不指定，Gradle 就会把当前同级的 example02 目录作为 example02 工程的目录，但是没有这个目录，就会报错。利用这个特性，我们可以把我们的工程放到任何目录下，可以非常灵活地对我们的工程进行分级、分类等，只要在 Settings 文件里指定好路径就可以了。

3.2 Build 文件

每个 Project 都会有一个 Build 文件，该文件是该 Project 构建的入口，可以在这里针对该 Project 进行配置，比如配置版本，需要哪些插件，依赖哪些库等。

既然每个 Project 都会有一个 Build 文件，那么 Root Project 也不例外。Root Project 可以获取到所有的 Child Project，所以在 Root Project 的 Build 文件里我们可以对 Child Project 统一配置，比如应用的插件，依赖的 Maven 中心库等。这一点 Gradle 早就为程序考虑到了，为我们提供了便捷的方法进行配置，比如配置所有 Child Project 的仓库为 jcenter，这样我们依赖的 jar 包就可以从 jcenter 中心库中下载了：

```
subprojects {
    repositories {
        jcenter()
    }
}
```

还比如我们在开发一个大型的 Java 工程时，该工程被分为很多小模块，每个模块都是一个 Child Project，这些模块同样也都是 Java 工程，这种情况下我们也可以统一配置，应用 Java 插件：

```
subprojects {
    apply plugin: 'java'
    repositories {
        jcenter()
    }
}
```

这非常方便，省去了我们对每个 Project 都去配置的情况，特别时对于要管理很多的 Project 的大工程来说。除了提供的 subprojects 之外，还有 allprojects，从其名字就可以看出来，是对所有 Project 的配置。

上面讲了很多配置，但是大家不要误以为 subprojects 和 allprojects 只能配置。它们只是两个方法，接受一个闭包作为参数，对工程进行遍历，遍历的过程中调用我们自定义的闭包，所以我们可以在闭包里配置、打印、输出或修改 Project 的属性都可以。

3.3 Projects 以及 tasks

前面我们已经简要讲了 Project 和 Task。在 Gradle 中，可以有很多 Project，你可以定义创建一个 Project 用于生成一个 jar，也可以定义另外一个 Project 用于生成一个 war 包，还可以定义一个 Project 用于发布上传你的 war 等。其实一个 Project 就是在你的业务范围内，被你抽象出来的一个个独立的模块，你可以根据项目的情况抽象归类，最后这一个个的 Project 组成了你的整个 Gradle 构建。

从我们编程的角度讲，它们就是一个个独立的模块。好好利用它们，这样你的代码就能够做到低耦合、高内聚。

一个 Project 又包含很多个 Task，也就是说每个 Project 是由多个 Task 组成的。那么什么是 Task 呢？Task 就是一个操作，一个原子性的操作，比如打个 jar 包，复制一份文件，编译一次 Java 代码，上传一个 jar 到 Maven 中心库等，这就是一个 Task，和 Ant 里的 Target，Maven 中的 goal 是一样的。

3.4 创建一个任务

创建一个任务非常简单，前面很多例子我们也都有演示：

```
task customTask1 {
    doFirst {
        println 'customTask1:doFirst'
    }
    doLast {
        println 'customTask1:doLast'
    }
}
```

这里的 Task 看着像一个关键字，其实它是 Project 对象的一个函数，原型为 create(String name, Closure configureClosure)。customTask1 为任务的名字，我们可以自定义；第二个参数是一个闭包，也就是我们花括号里的代码块。根据我们前面讲的 Groovy 知识，最后一个参数是闭包的时候，可以放到括号外面，然后方法的括号可以省略，就生成了我们上面的写法，很简洁。该闭包的作用就是用来对我们创建的任务进行配置，例子中我们用了任务的 doFirst 和 doLast 方法，分别在任务执行前后输出一段文字。除此之外还有其他方法、属性等，读者可以参考 Gradle Task 的 API 进一步学习。

除了上面的方法，我们还可以通过 TaskContainer 创建任务。在 Gradle 里，Project 对象已经帮我们定义好了一个 TaskContainer，方便我们使用，这就是 tasks：

```
task customTask1 {
    doFirst {
        println 'customTask1:doFirst'
    }
    doLast {
        println 'customTask1:doLast'
    }
}

tasks.create("customTask2") {
    doFirst {
        println 'customTask2:doFirst'
    }
    doLast {
```

```
        println 'customTask2:doLast'
    }
}
```

程序中我把两种方式放在一起，便于比较。它们的作用是一样的，只是任务名字不一样。

3.5 任务依赖

任务之间是可以有依赖关系的，这样我们就能控制哪些任务先于哪些任务执行；哪些任务执行后，其他任务才能执行。比如我们运行 jar 任务之前，compile 任务一定要执行过，也就是 jar 依赖于 compile；Android 的 install 任务一定要依赖 package 任务进行打包生成 apk，然后才能 install 设备里：

```
task ex35Hello << {
    println 'hello'
}

task ex35Main(dependsOn: ex35Hello) {
    doLast {
        println 'main'
    }
}
```

从例子中我们可以看到，在创建任务的时候，通过 dependsOn 可以指定其依赖的任务。

另外，一个任务也可以同时依赖多个任务：

```
task ex35Hello << {
    println 'hello'
}

task ex35World << {
    println 'world'
}

task ex35Main(dependsOn: ex35Hello) {
    doLast {
        println 'main'
    }
}
```

```
task ex35MultiTask {
    dependsOn ex35Hello,ex35World
    doLast {
        println 'multiTask'
    }
}
```

执行./gradlew ex35MultiTask，可以看到输出如下，依赖的两个任务都被先执行了：

```
:example35:ex35Hello
hello
:example35:ex35World
world
:example35:ex35MultiTask
multiTask
```

dependsOn 是 Task 类的一个方法，可以接受多个依赖的任务作为参数。

3.6 任务间通过 API 控制、交互

创建一个任务和我们定义一个变量是一样的，变量名就是我们定义的任务名，类型是 Task（参见 Gradle API Doc）。所以我们可以通过任务名，使用 Task 的 API 访问它的方法、属性或者对任务重新配置等，这对于我们操纵任务是非常方便和灵活的，Ant 的 Target 就没有这个特性。

和变量一样，要使用任务名操纵任务，必须先定义声明，因为脚本是顺序执行的：

```
task ex36Hello << {
    println 'dowLast1'
}

ex36Hello.doFirst {
    println 'dowFirst'
}

ex36Hello.doLast {
    println 'dowLast2'
}
```

如上示例，我们调用了 doLast 和 doFirst 方法，在任务执行前后做一些事情。对于直接通过任务名操纵任务的原理是：Project 在创建该任务的时候，同时把该任务对应的任务名注册为 Project 的一个属性，类型是 Task。我们稍微改动一下例子程序，看看是否有 ex36Hello 这个属性：

```
task ex36Hello << {
    println 'dowLast1'
}

ex36Hello.doFirst {
    println 'dowFirst'
}

ex36Hello.doLast {
    println project.hasProperty('ex36Hello')
    println 'dowLast2'
}
```

我们通过 println project.hasProperty('ex36Hello')检查是否有这个属性，运行后通过输出我们可以看到，打印的是 TRUE，说明每一个任务都是 Project 的一个属性。

既然可以通过 API 操纵任务，那么当创建了多个任务时，同样也可以通过 API 让它们相互访问，比如可以增加一些依赖等，就像两个变量相互访问一样。

3.7 自定义属性

Project 和 Task 都允许用户添加额外的自定义属性，要添加额外的属性，通过应用所属对应的 ext 属性即可实现。添加之后可以通过 ext 属性对自定义属性读取和设置，如果要同时添加多个自定义属性，可以通过 ext 代码块：

```
//自定义一个 Project 的属性
ext.age = 18

//通过代码块同时自定义多个属性
ext {
    phone = 1334512
    address = ''
}
```

```
task ex37CustomProperty << {
    println "年龄是：${age}"
    println "电话是：${phone}"
    println "地址是：${address}"
}
```

相比局部变量，自定义属性有更为广泛的作用域，你可以跨 Project，跨 Task 访问这些自定义属性。只要你能访问这些属性所属的对象，那么这些属性都可以被访问到。

自定义属性不仅仅局限在 Project 和 Task 上，还可以应用在 SourceSet 中，这样等于每种 SourceSet 又多了一个可供配置的属性。想想我们用 Android Studio 开发的时候，是不是有 main SourceSet，当你使用 productFlavors 定义多个渠道的时候，还会新增其他很多的 SourceSet：

```
apply plugin: "java"

//自定义一个 Project 的属性
ext.age = 18

//通过代码块同时自定义多个属性
ext {
    phone = 1334512
    address = ''
}

sourceSets.all {
    ext.resourcesDir = null
}

sourceSets {
    main {
        resourcesDir = 'main/res'
    }
    test {
        resourcesDir = 'test/res'
    }
}

task ex37CustomProperty << {
    println "年龄是：${age}"
    println "电话是：${phone}"
    println "地址是：${address}"

    sourceSets.each {
```

```
        println "${it.name}的resourcesDir是：${it.resourcesDir}"
    }
}
```

运行该Task输出如下：

```
:example37:ex37CustomProperty
年龄是：18
电话是：1334512
地址是：
main的resourcesDir是：main/res
test的resourcesDir是：test/res
```

从程序运行可见，我们自定义的属性都生效了。在我们的项目中一般使用它来自定义版本号和版本名称，把版本号和版本名称单独放在一个Gradle文件中。因为它们每次发布版本都会改变，变动频繁，放到一个单独的Gradle文件中，便于管理，而且改动的时候也不会因为Git冲突影响整个Build文件，便于解决冲突。

3.8 脚本即代码，代码也是脚本

虽然我们在一个Gradle文件中写脚本，但是我们写的都是代码，这一点一定要记清楚，这样你才能时刻使用Groovy、Java以及Gradle的任何语法和API帮你完成你想做的事情。不要被脚本这两个字给限制住，是脚本吗？是的没错，但是不是简单的脚本。在这脚本文件上你可以定义Class、内部类、导入包、定义方法、常量、接口、枚举等，都是可以的，灵活运用。我们在项目中需要给生成的APK包以当前日期的格式命名，我们就定义了一个获取日期格式的方法，用于生成APK的文件名：

```
def buildTime() {
    def date = new Date()
    def formattedDate = date.format('yyyyMMdd')
    return formattedDate
}
```

这只是使用的一个例子，目的是让大家灵活搭配Java、Groovy和Gradle，不要把它当成简单的脚本，所以它是一个脚本文件。

第 4 章　Gradle 任务

上一章已经介绍了 Gradle 脚本的基础，在其中我们也强调了 Gradle 中重要的 Projects 和 Tasks 这两个概念，尤其是 Tasks，我们的所有 Gradle 的构建工作都是由 Tasks 组合完成的。那么这一章我们就详细介绍 Tasks——任务。

任务的介绍也是从实用性出发，比如如何多种方式创建任务，如何访问任务的方法和属性等信息，如何对任务进行分组、排序，以及任务的一些规则性知识。

4.1 多种方式创建任务

在 Gradle 中，我们可以有很多种方式来创建任务。为什么有这么多种方式呢？这都依赖于 Project 给我们提供的快捷方法以及 TaskContainer 提供的相关 Create 方法。所以我们在阅读一些 Gradle 脚本的时候，见到一些不熟悉的创建任务的方法也不要奇怪，一般都逃不了我们以下介绍的这几种方式。

第一种是直接以一个任务名字创建任务的方式：

```
def Task ex41CreateTask1 = task(ex41CreateTask1)

ex41CreateTask1.doLast {
    println "创建方法原型为: Task task(String name) throws InvalidUserDataException"
}
```

示例中 ex41CreateTask1 就是我们创建任务的名字，我们可以使用 ./gradlew ex41CreateTask1 来执行这个任务，这种方式的创建其实是调用 Project 对象中的 task(String name) 的方法。该方法的完整定义是：

```
Task task(String name) throws InvalidUserDataException
```

我们可以看出它接受一个 name（任务名称）为参数，返回一个 Task 对象，在例子中把这个返回的对象赋值给一个 Task 类型的变量就可以对该任务进行操作，比如为其配置 doLast 方法要做的事情。

第二种是以一个任务名字+一个对该任务配置的 Map 对象来创建任务：

```
def Task ex41CreateTask2 = task(ex41CreateTask2,group:BasePlugin.BUILD_GROUP)

ex41CreateTask2.doLast {
    println "创建方法原型为：
Task task(Map<String, ?> args, String name) throws InvalidUserDataException"
    println "任务分组：${ex41CreateTask2.group}"
}
```

和第一种方式大同小异，只是多了一个 Map 参数，用于对要创建的 Task 进行配置。比如我们例子里为其指定了分组为 BUILD，我们通过执行该任务可以看到我们的配置起了作用。下面我们把 Map 中可用的配置列出来，如表 4-1。

表 4-1　Task 参数中 Map 的可用配置

配置项	描述	默认值
type	基于一个存在的 Task 来创建，和我们类继承差不多	DefaultTask
overwrite	是否替换存在的 Task，这个和 type 配合起来用	false
dependsOn	用于配置任务的依赖	[]
action	添加到任务中的一个 Action 或者一个闭包	null
description	用于配置任务的描述	null
group	用于配置任务的分组	null

第三种方式就是任务名字+闭包配置的方式：

```
task ex41CreateTask3 {
    description '演示任务创建'
    doLast {
        println "创建方法原型为：Task task(String name, Closure configureClosure)"
        println "任务描述：${description}"
    }
}
```

因为 Map 参数配置的方式（第二种）可配置的项有限，所以可以通过闭包的方式进行更多更灵活的配置。闭包里的委托对象就是 Task，所以你可以使用 Task 对象的任何方法、属性等信息进行配置，比如示例中我们配置了任务的描述和任务执行后要做的事情。

Project 中还有一种名字+Map 参数+闭包的方式，和上面演示的非常相似，就不列出了。下面我们说一下 TaskContainer 创建任务的方式。如果我们去查看 Project 对象中关于上面我们演示的 Task 方法的源代码，就会发现其实它们最终都是调用 TaskContainer 对象中的 create 方法，其参数和 Project 中的 Task 方法基本一样。我们下面看一个例子，我们使用这种方式重写第三种方式的例子：

```
tasks.create('ex41CreateTask4') {
    description '演示任务创建'
    doLast {
      println "创建方法原型为:
Task create(String name, Closure configureClosure) throws InvalidUserDataException"
        println "任务描述: ${description}"
    }
}
```

tasks 是 Project 对象的属性，其类型是 TaskContainer，我们可以使用它来直接创建任务。关于 TaskContainer 其他几种创建方式和前面演示的 Project 的 Task 方法基本一样，就不一一写示例了，大家可以参考上面的练习写一下。

4.2 多种方式访问任务

其实前面我们在演示任务的很多例子中，已经通过一些方式访问了任务，比如把创建的任务赋给一个变量，然后对其进行操作等。

首先，我们创建的任务都会作为项目（Project）的一个属性，属性名就是任务名，所以我们可以直接通过该任务名称访问和操纵该任务：

```
task ex42AccessTask1

ex42AccessTask1.doLast {
    println 'ex42AccessTask1.doLast'
}
```

其次，我们在 4.1 节的时候讲过，任务都是通过 TaskContainer 创建的，其实 TaskContainer 就是我们创建任务的集合，在 Project 中我们可以通过 tasks 属性访问 TaskContainer，所以我们就可以以访问集合元素的方式访问我们创建的任务：

```
task ex42AccessTask2

tasks['ex42AccessTask2'].doLast {
    println 'ex42AccessTask2.doLast'
}
```

访问的时候，任务名就是 Key（关键索引）。其实这里说 Key 不恰当，因为 tasks 并不是一个 Map。这里再顺便扩展一下 Groovy 的知识，[]在 Groovy 中是一个操作符，我们知道 Groovy 的操作符都有对应的方法让我们重载，a[b]对应的是 a.getAt(b)这个方法，对应的例子 tasks['ex42AccessTask2']其实就是调用 tasks.getAt('ex42AccessTask2')这个方法。如果我们查看 Gradle 的源代码的话，最后发现是调用 findByName(String name)实现的。

然后，就是通过路径访问。通过路径访问的方式有两种，一种是 get，另一种是 find，它们的区别在于 get 的时候如果找不到该任务就会抛出 UnknownTaskException 异常，而 find 在找不到该任务的时候会返回 null：

```
task ex42AccessTask3
tasks['ex42AccessTask3'].doLast {
    println tasks.findByPath(':example42:ex42AccessTask3')
    println tasks.getByPath(':example42:ex42AccessTask3')
    println tasks.findByPath(':example42:asdfasdfasdf')
}
```

最后，就是通过名称访问。通过名字的访问也有 get 和 find 两种，它们的区别和路径访问方式一样：

```
task ex42AccessTask4
tasks['ex42AccessTask4'].doLast {
    println tasks.findByName('ex42AccessTask4')
    println tasks.getByName('ex42AccessTask4')
    println tasks.findByName('asdfasdfasdf')
}
```

值得强调的是，通过路径访问的时候，参数值可以是任务路径也可以是任务的名字。但是通过名字访问的时候，参数值只能是任务的名字，不能为路径。

通过以上几种方式我们发现，访问 Gradle 的任务非常方便。当我们拿到这个任务的引用的时候，就可以按我们的业务逻辑去操纵它，比如配置任务依赖，配置任务的一些属性，调用方法。这是 Ant 做不到的，这也是 Gradle 的灵活之处。

4.3 任务分组和描述

任务是可以分组和添加描述的，任务的分组其实就是对任务的分类，便于我们对任务进行归类整理，这样清晰明了。任务的描述就是说明这个任务有什么作用，是这个任务的大概说明。建议大家创建任务的时候，这两个都要进行配置，便于其他人在看到的时候能很快了解你定义任务的分类和用途：

```
def Task myTask = task ex43GroupTask
myTask.group = BasePlugin.BUILD_GROUP
myTask.description = '这是一个构建的引导任务'

myTask.doLast {
    println "group:${group},description:${description}"
}
```

这样当我们通过./gradlew tasks 查看任务信息的时候，就能看到该任务已经被归类到 Build tasks 分类里，并且可以看到该任务的描述信息：

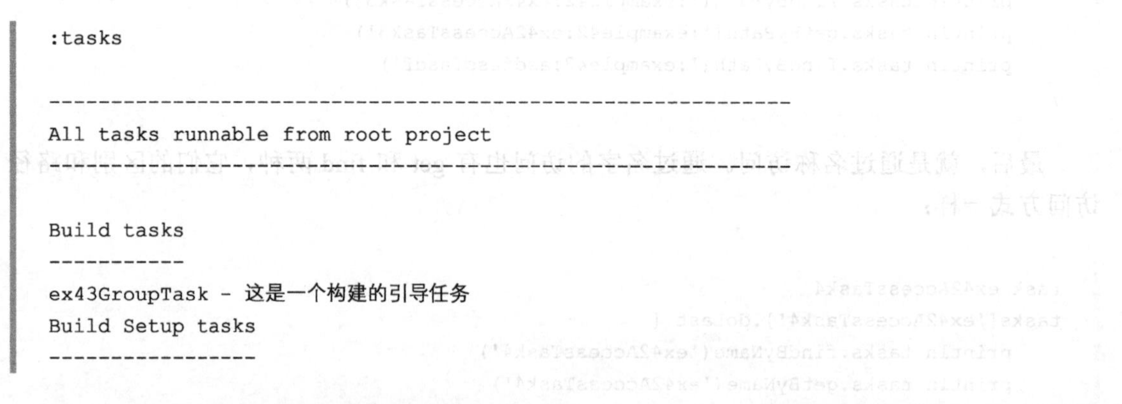

```
:tasks

------------------------------------------------------------
All tasks runnable from root project
------------------------------------------------------------

Build tasks
-----------
ex43GroupTask - 这是一个构建的引导任务
Build Setup tasks
-----------------
```

如果我们是基于 Idea、Android Studio 这类 IDE 开发的话，也能很清晰地看到任务的分类。

从图 4-1 中可以看出，我们刚刚新建的任务已经被归类到 build 分组下，这样我们就可以很方便地找到该任务，执行操作。对于 IDEA 和 AS 的 IDE，鼠标光标悬停到任务上，就可以看到该任务的描述。

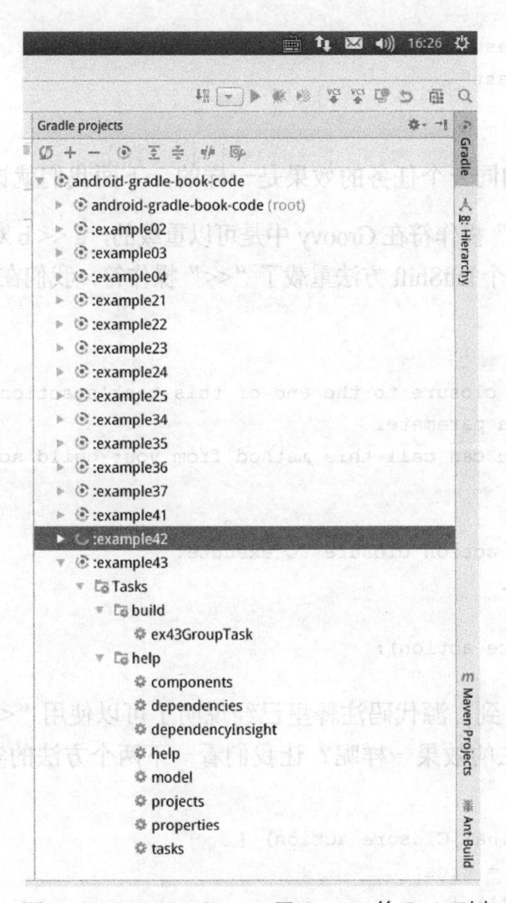

▲图 4-1　Android Studio 里 Gradle 的 Task 列表

4.4 <<操作符

相信读者已经看到了我们很多例子中使用了这个操作符“<<”，这一节我们就从源代码的角度来讲解这个操作符，让大家对它有个更深入的了解。

“<<”操作符在 Gradle 的 Task 上是 doLast 方法的短标记形式，也就是说“<<”可以代替 doLast：

```
task(ex44DoLast) << {
    println "ex44DoLast"
}
```

```
task(ex44DoLast).doLast {
    println "ex44DoLast"
}
```

上面两段脚本定义的同一个任务的效果是一样的，下面我们就详细分析一下。

“<<”是操作符，“<<”操作符在 Groovy 中是可以重载的，a << b 对应的是 a.leftShift(b)方法，所以 Task 接口中肯定有一个 leftShift 方法重载了“<<”操作符，我们在 Gradle 源代码里找一下：

```
/**
 * <p>Adds the given closure to the end of this task's action list.  The closure is
passed this task as a parameter
 * when executed. You can call this method from your build script using the << left
shift operator.</p>
 *
 * @param action The action closure to execute.
 * @return This task.
 */
Task leftShift(Closure action);
```

从程序中我们可以看到，源代码注释里已经说明了可以使用“<<”操作符，那么 leftShift 方法为什么和 doLast 方法的效果一样呢？让我们看一下两个方法的实现：

```
public Task doLast(final Closure action) {
    hasCustomActions = true;
    if (action == null) {
        throw new InvalidUserDataException("Action must not be null!");
    }
    taskMutator.mutate("Task.doLast(Closure)", new Runnable() {
        public void run() {
            actions.add(convertClosureToAction(action));
        }
    });
    return this;
}

public Task leftShift(final Closure action) {
    hasCustomActions = true;
    if (action == null) {
        throw new InvalidUserDataException("Action must not be null!");
    }
    taskMutator.mutate("Task.leftShift(Closure)", new Runnable() {
        public void run() {
```

```
            actions.add(taskMutator.leftShift(convertClosureToAction(action)));
        }
    });
    return this;
}
```

上面程序中关键的一句代码是 actions.add()，这一句就是把我们配置的操作转换为 Action 放在 actions 这个 List 里，是直接放在 List 的末尾，所以它们两个的效果是一样的。

4.5 任务的执行分析

讲到这里，我觉得有必要对 Task 的执行做一个大概的分析，了解 Task 是如何执行的，我们配置在 doFirst 中的操作怎么会先执行，而配置在 doLast 中的操作后执行，这对我们更深入理解 Task 有很大帮助。

当我们执行一个 Task 的时候，其实就是执行其拥有的 actions 列表，这个列表保存在 Task 对象实例中的 actions 成员变量中，其类型是一个 List：

```
private List<ContextAwareTaskAction> actions = new ArrayList<ContextAwareTaskAction>();
```

现在我们把 Task 之前执行、Task 本身执行以及 Task 之后执行分别称为 doFirst、doSelf 以及 doLast，下面以一个例子来演示：

```
def Task myTask = task ex45CustomTask(type: CustomTask)
myTask.doFirst{
    println 'Task执行之前执行 in doFirst'
}
myTask.doLast{
    println 'Task执行之后执行 in doLast'
}

class CustomTask extends  DefaultTask {

    @TaskAction
    def doSelf() {
        println 'Task自己本身在执行 in doSelf'
    }

}
```

例子中我们定义了一种 Task 类型 CustomTask，并声明了一个方法 doSelf，该方法被 TaskAction 注解标注，意思是该方法就是 Task 本身执行要执行的方法。执行该任务看输出结果：

```
:example45:ex45CustomTask
Task 执行之前执行 in doFirst
Task 自己本身在执行 in doSelf
Task 执行之后执行 in doLast

BUILD SUCCESSFUL
```

结果和我们期望的一样。我们前面讲了，执行 Tasks 的时候就是在遍历执行 actions List。那么要达到这种 doFirst、doSelf、doLast 顺序的目的，就必须把 doFirst 的 actions 放在 actions List 的最前面，把 doSelf 的 actions 放在 List 中间，把 doLast 的 actions 放在 List 最后面，这样才能达到按约定顺序执行的目的。

当我们使用 Task 方法创建 ex45CustomTask 这个任务的时候，Gradle 会解析其带有 TaskAction 标注的方法作为其 Task 执行的 Action，然后通过 Task 的 prependParallelSafeAction 方法把该 Action 添加到 actions List 里：

```
public void prependParallelSafeAction(final Action<? super Task> action) {
    if (action == null) {
        throw new InvalidUserDataException("Action must not be null!");
    }
    actions.add(0, wrap(action));
}
```

这时候 Task 刚刚被创建，所以不会有 doFirst 的 Action。actions List 一般是空的，只有当创建 Task 的时候，使用 Map 配置中的 action 选项配置的时候才会有(4.1 节有介绍)。现在 actions List 有了 Task 本身的 Action 了，再来看一下 doFirst 和 doLast 这两个方法的实现代码：

```
public Task doFirst(final Closure action) {
    hasCustomActions = true;
    if (action == null) {
        throw new InvalidUserDataException("Action must not be null!");
    }
    taskMutator.mutate("Task.doFirst(Closure)", new Runnable() {
        public void run() {
            actions.add(0, convertClosureToAction(action));
        }
    });
    return this;
```

```
}

public Task doLast(final Closure action) {
    hasCustomActions = true;
    if (action == null) {
        throw new InvalidUserDataException("Action must not be null!");
    }
    taskMutator.mutate("Task.doLast(Closure)", new Runnable() {
        public void run() {
            actions.add(convertClosureToAction(action));
        }
    });
    return this;
}
```

看最重要的 actions.add 这部分，doFirst 永远都是在 actions List 第一位添加，保证其添加的 Action 在现有 actions List 元素的最前面；doLast 永远都是在 actions List 末尾添加，保证其添加的 Action 在现有 actions List 元素的最后面。一个往最前面添加，一个往最后面添加，最后这个 actions List 按顺序就形成了 doFirst、doSelf、doLast 三部分的 Actions，就达到 doFirst、doSelf、doLast 三部分的 Actions 顺序执行的目的。

这一节是基于源代码对 Task 执行的分析，学习时可能有点难。但是我还是建议大家仔细看，一遍看不懂多看几遍，结合着例子和源代码看，理解了整个 Task 的执行后就熟悉了。

4.6 任务排序

其实并没有真正的任务排序功能，这个排序不像我们想象的通过设置优先级或者 Order 顺序实现，而是通过任务的 shouldRunAfter 和 mustRunAfter 这两个方法，它们可以控制一个任务应该或者一定在某个任务之后执行。通过这种方式你可以在某些情况下控制任务的执行顺序，而不是通过强依赖的方式。

这个功能是非常有用的，比如我们公司自己设置的顺序是，必须先执行单元测试，然后才能进行打包，这就保证了 App 的质量。类似情况还有很多，比如必须要单元测试之后才能进行集成测试，打包成功之后才能进行部署发布等。

taskB.shouldRunAfter(taskA)表示 taskB 应该在 taskA 执行之后执行，这里的应该而不是必须。所以有可能任务顺序并不会按预设的执行。

taskB.mustRunAfter(taskA)表示 taskB 必须在 taskA 执行之后执行，这个规则就比较严格。

```
task ex46OrderTask1 << {
    println 'ex46OrderTask1'
}

task ex46OrderTask2 << {
    println 'ex46OrderTask2'
}
```

我们执行./gradlew ex46OrderTask1 ex46OrderTask2。观察输出，发现和我们执行的顺序一样，先 ex46OrderTask1 再 ex46OrderTask2。现在我们使用 mustRunAfter 试试：

```
task ex46OrderTask1 << {
    println 'ex46OrderTask1'
}

task ex46OrderTask2 << {
    println 'ex46OrderTask2'
}

ex46OrderTask1.mustRunAfter ex46OrderTask2
```

然后执行./gradlew ex46OrderTask1 ex46OrderTask2。查看输出，发现已经是先执行 ex46OrderTask2，再执行 ex46OrderTask1 了：

```
:example46:ex46OrderTask2
ex46OrderTask2
:example46:ex46OrderTask1
ex46OrderTask1

BUILD SUCCESSFUL
```

这个排序目前还属于 Beta 版，以后的 Gradle 版本可能会有变动。但是如果正好项目中遇到了类似的情况，不妨试试，很有用。

4.7 任务的启用和禁用

Task 中有个 enabled 属性，用于启用和禁用任务，默认是 true，表示启用；设置为 false，则禁止该任务执行，输出会提示该任务被跳过：

```
task ex47DisenabledTask << {
    println 'ex47DisenabledTask'
}

ex47DisenabledTask.enabled =false
```

执行./gradlew ex47DisenabledTask 查看输出：

```
:example47:ex47DisenabledTask SKIPPED
BUILD SUCCESSFUL
```

在某些情况下，可以通过该属性灵活控制任务的执行，这种方式需要在执行到具体逻辑的时候才能进行判断设置。下面我们讲一种提前设置条件的方式来控制任务执行还是跳过。

4.8 任务的 onlyIf 断言

断言就是一个条件表达式。Task 有一个 onlyIf 方法，它接受一个闭包作为参数，如果该闭包返回 true 则该任务执行，否则跳过。这有很多用途，比如控制程序哪些情况下打什么包，什么时候执行单元测试，什么情况下执行单元测试的时候不执行网络测试等。现在就以一个打首发包的例子来说明。

假如我们的首发渠道是应用宝和百度，直接执行 Build 会编译出来所有包，这个太慢也不符合我们的需求，现在我们就采用 onlyIf 的方式通过属性来控制：

```
final String BUILD_APPS_ALL="all";
final String BUILD_APPS_SHOUFA="shoufa";
final String BUILD_APPS_EXCLUDE_SHOUFA="exclude_shoufa";

task ex48QQRelease << {
    println "打应用宝的包"
}
task ex48BaiduRelease << {
    println "打百度的包"
}
task ex48HuaweiRelease << {
    println "打华为的包"
}

task ex48MiuiRelease << {
```

```
    println "打MiUi的包"
}

task build {
    group BasePlugin.BUILD_GROUP
    description "打渠道包"
}

build.dependsOn ex48QQRelease,ex48BaiduRelease,ex48HuaweiRelease,ex48MiuiRelease

ex48QQRelease.onlyIf {
    def execute = false;
    if(project.hasProperty("build_apps")){
        Object buildApps = project.property("build_apps")
        if(BUILD_APPS_SHOUFA.equals(buildApps)
            || BUILD_APPS_ALL.equals(buildApps)){
            execute = true
        }else{
            execute = false
        }
    }else{
        execute = true
    }
    execute
}

ex48BaiduRelease.onlyIf {
    def execute = false;
    if(project.hasProperty("build_apps")){
        Object buildApps = project.property("build_apps")
        if(BUILD_APPS_SHOUFA.equals(buildApps)
                || BUILD_APPS_ALL.equals(buildApps)){
            execute = true
        }else{
            execute = false
        }
    }else{
        execute = true
    }
    execute
}

ex48HuaweiRelease.onlyIf {
    def execute = false;
    if(project.hasProperty("build_apps")){
```

```
        Object buildApps = project.property("build_apps")
        if(BUILD_APPS_EXCLUDE_SHOUFA.equals(buildApps)
                || BUILD_APPS_ALL.equals(buildApps)){
            execute = true
        }else{
            execute = false
        }
    }else{
        execute = true
    }
    execute
}

ex48MiuiRelease.onlyIf {
    def execute = false;
    if(project.hasProperty("build_apps")){
        Object buildApps = project.property("build_apps")
        if(BUILD_APPS_EXCLUDE_SHOUFA.equals(buildApps)
                || BUILD_APPS_ALL.equals(buildApps)){
            execute = true
        }else{
            execute = false
        }
    }else{
        execute = true
    }
    execute
}
```

在例子中我们定义了 4 个渠道，其中百度和应用宝是首发包，另外两个华为和 MiUi 不是首发包，通过 build_apps 属性来控制我们要打哪些渠道包：

```
#打所有渠道包
./gradlew :example48:build
./gradlew -Pbuild_apps=all :example48:build

#打首发包
./gradlew -Pbuild_apps=shoufa :example48:build

#打非首发包
./gradlew -Pbuild_apps=exclude_shoufa :example48:build
```

通过以上 3 种方法执行任务就可以动态控制我们要打哪些渠道包，这在我们使用 Jenkins 等 CI 工具进行自动化打包和部署的时候非常灵活方便。

命令行中-P 的意思是为 Project 指定 K-V 格式的属性键值对，使用格式为-PK=V。

4.9 任务规则

我们通过以上章节知道了我们创建的任务都在 TaskContainer 里，是由其进行管理的。所以当我们访问任务的时候都是通过 TaskContainer 进行访问，而 TaskContainer 又是一个 NamedDomainObjectCollection（继承它），所以我们说的任务规则其实是 NamedDomainObjectCollection 的规则。

NamedDomainObjectCollection 是一个具有唯一不变名字的域对象的集合，它里面所有的元素都有一个唯一不变的名字，该名字是 String 类型。所以我们可以通过名字获取该元素，比如我们通过任务的名字获取该任务。

说完唯一不变的名字，我们再说规则。NamedDomainObjectCollection 的规则有什么用呢？我们上面说了要想获取一个 NamedDomainObjectCollection 的元素是通过一个唯一的名字获取的，那么这个唯一的名字可能在 NamedDomainObjectCollection 中并不存在，具体到任务中就是说你想获取的这个任务不存在，这时候就会调用我们添加的规则来处理这种异常情况，我们看一下源代码：

```
public T findByName(String name) {
    T value = findByNameWithoutRules(name);
    if (value != null) {
        return value;
    }
    applyRules(name);
    return findByNameWithoutRules(name);
}
```

以名字查找的时候，如果没有找到则调用 applyRules(name)应用我们添加的规则。

我们可以通过调用 addRule 来添加我们自定义的规则，它有两个用法：

```
/**
 * Adds a rule to this collection. The given rule is invoked when an unknown object i
s requested by name.
 *
 * @param rule The rule to add.
 * @return The added rule.
 */
```

```
Rule addRule(Rule rule);

/**
 * Adds a rule to this collection. The given closure is executed when an unknown obje
ct is requested by name. The
 * requested name is passed to the closure as a parameter.
 *
 * @param description The description of the rule.
 * @param ruleAction The closure to execute to apply the rule.
 * @return The added rule.
 */
Rule addRule(String description, Closure ruleAction);
```

一个是直接添加一个 Rule，另一个是通过闭包配置成一个 Rule 再添加，两种方式大同小异。如果仔细观察你会发现，Gradle 中基本上都是这种写法，成对出现。

当我们执行、依赖一个不存在的任务时，Gradle 会执行失败，失败信息是任务不存在。我们使用规则对其进行改进，当执行、依赖不存在的任务时，不会执行失败，而是打印提示信息，提示该任务不存在：

```
tasks.addRule("对该规则的一个描述，便于调试、查看等") { String taskName ->
    task(taskName) << {
        println "该${taskName}任务不存在，请查证后再执行"
    }
}

task ex49RuleTask {
    dependsOn missTask
}
```

此外它还可以根据不同的规则动态创建需要的任务等情况。

4.10 小结

一般我没有写小结的习惯，因为所有知识点都在每个章节里讲了，所以没有必要再概括一次。这次特意写了小结，是因为这章非常重要。本章中任务的执行分析和 onlyIf 断言计划中是没有的，在写作的过程中还是忍不住加上了，为的就是让大家对任务有更深的了解。因为在 Gradle 中任务太重要了，所有的操作都是通过任务来完成的。最后建议大家仔细阅读，练习例子。如果没看太明白，可以多看几遍。

第5章 Gradle插件

说起 Gradle 的插件，不得不感叹 Gradle 的设计非常好。Gradle 本身提供一些基本的概念和整体核心的框架，其他用于描述真实使用场景逻辑的都以插件扩展的方式来实现，这样的设计可以抽象的方式提供一个核心的框架，其他具体的功能和业务等都通过插件扩展的方式来实现，比如构建 Java 应用，就是通过 Java 插件来实现的。

Gradle 本身内置了很多常用的插件，这些插件基本上能帮我们做大部分的工作，但是也有一些插件 Gradle 本身没有内置。这时候就需要我们自己去扩展现有的插件或者自定义插件来达到我们的目的，比如 Android Gradle 插件就是基于内置的 Java 插件实现的。

5.1 插件的作用

把插件应用到你的项目中，插件会扩展项目的功能，帮助你在项目的构建过程中做很多事情。1. 可以添加任务到你的项目中，帮你完成一些事情，比如测试、编译、打包。2. 可以添加依赖配置到你的项目中，我们可以通过它们配置我们项目在构建过程中需要的依赖，比如我们编译的时候依赖的第三方库等。3. 可以向项目中现有的对象类型添加新的扩展属性、方法等，让你可以使用它们帮助我们配置、优化构建，比如 android{}这个配置块就是 Android Gradle 插件为 Project 对象添加的一个扩展。4. 可以对项目进行一些约定，比如应用 Java 插件之后，约定 src/main/java 目录下是我们的源代码存放位置，在编译的时候也是编译这个目录下的 Java 源代码文件。

这就是插件，我们只需要按照它约定的方式，使用它提供的任务、方法或者扩展，就可以对我们的项目进行构建。

5.2 如何应用一个插件

如何使用一个插件呢？在使用一个插件之前我们要先应用它，把它应用到我们的项目中，这样我们就可以使用它了。插件的应用都是通过 Project.apply()方法完成的，apply 方法有好几种用法，并且插件也分为二进制插件和脚本插件，下面我们就一一介绍。

5.2.1 应用二进制插件

什么是二进制插件？二进制插件就是实现了 org.gradle.api.Plugin 接口的插件，它们可以有 plugin id，下面我们看一下如何应用一个 Java 插件：

```
apply plugin:'java'
```

上面的语句把 Java 插件应用到我们的项目中了，其中'java'是 Java 插件的 plugin id，它是唯一的。对于 Gradle 自带的核心插件都有一个容易记的短名，称其为 plugin id，比如这里的 java，其实它对应的类型是 org.gradle.api.plugins.JavaPlugin，所以通过该类型我们也可以应用这个插件：

```
apply plugin:org.gradle.api.plugins.JavaPlugin
```

又因为包 org.gradle.api.plugins 是默认导入的，所以我们可以去掉包名直接写为：

```
apply plugin:JavaPlugin
```

以上 3 种写法是等价的，不过第一种用的最多，因为它比较容易记。第二种写法一般适用于我们在 build 文件中自定义的插件，也就是脚本插件。

二进制插件一般都是被打包在一个 jar 里独立发布的，比如我们自定义的插件，在发布的时候我们也可以为其指定 plugin id，这个 plugin id 最好是一个全限定名称，就像你的包名一样，这样发布的插件 plugin id 就不会重复，比如 org.flysnow.tools.plugin.xxx。

5.2.2 应用脚本插件

build.gradle:

```
apply from:'version.gradle'

task ex52PrintlnTask << {
```

```
    println "App 版本是:${versionName},版本号是：${versionCode}"
}
```

version.gradle:

```
ext {
    versionName = '1.0.0'
    versionCode = 1
}
```

其实这不能算一个插件，它只是一个脚本。应用脚本插件，其实就是把这个脚本加载进来，和二进制插件不同的是它使用的是 from 关键字，后面紧跟的是一个脚本文件，可以是本地的，也可以是网络存在的，如果是网络上的话要使用 HTTP URL。

虽然它不是一个真正的插件，但是不能忽视它的作用，它是脚本文件模块化的基础，我们可以把庞大的脚本文件，进行分块、分段整理，拆分成一个个共用、职责分明的文件，然后使用 apply from 来引用它们，比如我们可以把常用的函数放在一个 utils.gradle 脚本里，供其他脚本文件引用。示例中我们把 App 的版本名称和版本号单独放在一个脚本文件里，清晰、简单、方便、快捷。我们也可以使用自动化对该文件自动处理，生成版本。

5.2.3　apply 方法的其他用法

Project.apply()方法有 3 种使用方式，它们是以接受参数的不同区分的。我们上面用的是接受一个 Map 类型参数的方式，下面讲另外两种：

```
//apply 方法
void apply(Map<String, ?> options);
void apply(Closure closure);
void apply(Action<? super ObjectConfigurationAction> action);
```

闭包的方式如下。

```
apply {
    plugin 'java'
}
```

该闭包被用来配置一个 ObjectConfigurationAction 对象，所以，你可以在闭包里使用 ObjectConfigurationAction 对象的方法、属性等进行配置。示例的效果和我们前面的例子是一样的。

Action 的方式：

```
apply(new Action<ObjectConfigurationAction>() {
    @Override
    void execute(ObjectConfigurationAction objectConfigurationAction) {
        objectConfigurationAction.plugin('java')
    }
})
```

Action 的方式就是我们自己要"new"一个 Action，然后在 execute 方法里进行配置。

5.2.4 应用第三方发布的插件

第三方发布的作为 jar 的二进制插件，我们在应用的时候，必须要先在 buildscript{}里配置其 classpath 才能使用，这个不像 Gradle 为我们提供的内置插件。比如我们的 Android Gradle 插件，就属于 Android 发布的第三方插件，如果要使用它们我们先要进行配置：

```
buildscript {
    repositories {
        jcenter()
    }
    dependencies {
        classpath 'com.android.tools.build:gradle:1.5.0'
    }
}
```

buildscript{}块是一个在构建项目之前，为项目进行前期准备和初始化相关配置依赖的地方，配置好所需的依赖，就可以应用插件了：

```
apply plugin: 'com.android.application'
```

如果没有提前在 buildscript 里配置依赖的 classpath，会提示找不到这个插件。

5.2.5 使用 plugins DSL 应用插件

plugins DSL 是一种新的插件应用方式，Gradle 2.1 以上版本才可以用。目前这个功能还在内测中，以后可能会变，我们先了解一下，遇到这种写法我们也知道是什么意思：

```
plugins {
```

```
    id 'java'
}
```

这样就应用了 java 插件，看着更简洁一些，更符合 DSL 规范。

还记得前面我们应用第三方插件的时候要先使用 buildscript 配置吧。使用 plugins 就有一种例外，如果该插件已经被托管在 https://plugins.gradle.org/ 网站上，我们就不用在 buildscript 里配置 classpath 依赖了，直接使用 plugins 就可以应用插件：

```
plugins {
  id "org.sonarqube" version "1.2"
}
```

5.2.6 更多好用的插件

开源的力量是强大的，很多开发者为 Gradle 社区贡献了很多好用的插件，这些插件我们可以在 https://plugins.gradle.org/上找到，也可以到 Github 上找。

5.3 自定义插件

很多时候我们可以根据自己的实际业务自定义一些插件，来辅助项目的构建。自定义插件涉及的知识点很多，比如创建任务、创建方法、进行约定等。由于篇幅有限，我们这里以创建任务为例，对自定义插件进行简单的介绍，让大家对自定义插件有一个大致的了解。

我们使用脚本写一个简单的插件，了解一下自定义插件的工作原理：

```
apply plugin: Ex53CustomPlugin

class Ex53CustomPlugin implements Plugin<Project> {
    void apply(Project project) {
        project.task('ex53CustomTask') << {
            println "这是一个通过自定义插件方式创建的任务"
        }
    }
}
```

现在我们就可以用./gradlew :example53:ex53CustomTask 来执行这个任务，这个任务是我们通过自定义插件创建的。

自定义的插件必须要实现 Plugin 接口，这个接口只有一个 apply 方法，该方法在插件被应用的时候执行。所以我们可以实现这个方法，做我们想做的事情，比如这里创建一个名称为 ex53CustomTask 的任务给项目用。

以上是我们定义的一个简单的插件，是定义在 build 脚本文件里的，只能是自己的项目用，如果我们想开发一个独立的插件给所有想用的人怎么做呢？这就需要我们单独创建一个 Groovy 工程作为开发自定义插件的工程了。

首先我们先创建一个 Groovy 工程，然后配置我们插件开发所需的依赖：

```
apply plugin: 'groovy'

dependencies {
    compile gradleApi()
    compile localGroovy()
}
```

然后实现插件类：

```
package com.github.rujews.plugins

import org.gradle.api.Plugin
import org.gradle.api.Project

/**
 * Created by 飞雪无情 on 16-1-17.
 */
class Ex53CustomPlugin implements Plugin<Project>{

    @Override
    void apply(Project target) {
        target.task('ex53CustomTask') << {
            println "这是一个通过自定义插件方式创建的任务"
        }
    }
}
```

前面讲过，每个插件都有一个唯一的 plugin id，以供使用者应用，现在我们就定义这个 plugin id。Gradle 是通过 META-INF 里的 properties 文件来发现对应插件实现类的。首先确定一个 plugin id，比如我这里叫 com.github.rujews.plugins.ex53customplugin，那么就在 src/main/resources/

META-INF/gradle-plugins/目录下新建一个名字为 plugin id 的 properties 的文件 com.github.rujews.plugins.ex53customplugin. properties，然后打开它添加一行内容：

```
implementation-class=com.github.rujews.plugins.Ex53CustomPlugin
```

key 为 implementation-class 固定不变，value 就是我们自定义的插件的实现类，我这里是 com.github.rujews.plugins.Ex53CustomPlugin。现在都配置好了，我们就可以生成一个 jar 包分发给其他人使用我们的插件了：

```
buildscript {
    dependencies {
        classpath files('libs/example53.jar')
    }
}

apply plugin: 'com.github.rujews.plugins.ex53customplugin'
```

现在我们应用了我们自定义的插件，应用效果和我们上面使用脚本写的简单的插件一样。

5.4 小结

到这里关于 Gradle 的基本知识已经介绍完了，相信大家看到这里已经可以使用 Gradle 进行工程构建了。下一章我们详细介绍 Gradle 的 Java 插件，因为这个我们用的最多，它也是 Android 插件的基础。

第 6 章　Java Gradle 插件

我们已经知道，Gradle 是一个非常灵活的构建框架，它提供了构建的基础核心。为了对具体的业务进行构建，Gradle 在此基础上提供了插件的概念，这样就能基于 Gradle 进行很好的扩展，而不改变其核心基础，又能满足不同业务的需要。

做过 Java 开发的读者都了解，它的大体流程都差不多，无非就是依赖第三方库，编译源文件，进行单元测试，打包发布等。每个 Java 工程的创建都差不多。Gradle 为了不让我们在每个 Java 工程里都做这些重复的工作，为我们提供了非常核心、常用的 Java，我们只要应用它，就可以非常轻松地构建出一个项目了。

6.1 如何应用

基于我们之前讲的应用插件章节，很容易应用 Java 插件，我们常用的方式就是使用简称应用：

```
apply plugin: 'java'
```

通过以上脚本应用之后，Java 插件会为你的工程添加很多有用的默认设置和约定，比如源代码的位置、单元测试代码的位置、资源文件的位置等。一般情况下我们最好都遵循它的默认设置，这样做的好处，一是我们不用写太多的脚本来自定义，二是便于团队协作，因为这是约定俗成的，大家都容易理解。

6.2 Java 插件约定的项目结构

我们前面的章节讲了 Gradle 的插件会为我们做一些默认设置和约定，这些约定很宽泛。现在我们讲讲 Java 插件中为我们约定的 Java 的项目结构是怎样的。只有我们遵循了这些约定，Java 插件才能找到我们的 Java 类，找到我们的资源进行编译，找到我们的单元测试类进行单元测试等。

```
example62
├──build.gradle
└──src
    ├──main
    │   ├──java
    │   └──resources
    └──test
        ├──java
        └──resources
```

默认情况下，Java 插件约定 src/main/java 为我们的项目源代码存放目录；src/main/resources 为要打包的文件存放目录，比如一些 Properties 配置文件和图片等；src/test/java 为我们的单元测试用例存放目录，我们执行单元测试的时候，Gradle 会在这个目录下搜索我们的单元测试用例执行；src/test/resources 里存放的是我们单元测试中使用的文件。

main 和 test 是 Java 插件为我们内置的两个源代码集合，那么我们可不可以自己添加一些呢？比如我有一个 vip 版本，是不是可以添加一个 vip 的目录来存放 vip 相关的 Java 源码和文件呢？这个是完全可以的，如果要实现这个目的，我们在 build 脚本里这么配置：

```
apply plugin:'java'

sourceSets {
    vip{

    }
}
```

添加一个 vip 的源代码集合（源集），然后我们在 src 下新建 vip/java、vip/resources 目录就可以分别存放 vip 相关的源代码和资源文件了。仿照例子我们可以添加很多的源集，它们默认的目录结构是：

```
src/sourceSet/java
src/sourceSet/resources
```

看到这里，读者有没有发现这个和我们 Android 多渠道打包发布很像（Android 插件章节会详细介绍）。关于源集的改变我们后面详细讲解，这里大家先知道这样使用。

以上是 Java 默认定义的文件目录，特殊情况下我们可以改变它们，所以不建议这么做。下面我们说说改变的方法，只需要在 build 脚本中配置对应目录即可：

```
sourceSets {
    main {
        java {
            srcDir 'src/java'
        }
        resources {
            srcDir 'src/resources'
        }
    }
}
```

一般从 Eclipse 工程迁移过来的时候，我们的目录结构还是 src 这样的，一时不好去改变目录，可以采用这种配置，更改 Java 插件默认的目录即可。

6.3 如何配置第三方依赖

作为一个 Java 项目，不可避免地会依赖很多第三方 Jar，这也是值得提倡的，因为有很多优秀的开源工具和框架帮助我们更高效地研发。

要想使用这些第三方依赖，你要告诉 Gradle 如何找到这些依赖，也就是我们要讲的依赖配置。一般情况下我们都是从仓库中查找我们需要的 Jar 包，在 Gradle 中要配置一个仓库的 Jar 依赖，首先我们得告诉 Gradle 我们要使用什么类型的仓库，这些仓库的位置在哪里，这样 Gradle 知道从哪里去搜寻我们依赖的 Jar：

```
repositories {
    mavenCentral()
}
```

以上脚本我们配置了一个 Maven 中心库，告诉 Gradle 可以在 Maven 中心库中搜寻我们依赖的 Jar，除此之外，我们也可以从 jcenter 库、ivy 库、本地 Maven 库 mavenLocal、自己搭建的 Maven 私服库等中搜寻，甚至我们本地配置的文件夹也可以作为一个仓库。由此可见，Gradle 支持的仓库非常丰富，也可以多个库一起使用。比如一些公共的开源框架可以从 mavenCentral 上下载，一些我们公司自己的私有 Jar 可以在自己搭建的 Maven 私服上下载：

```
repositories {
    mavenCentral()
    maven {
        url 'http://www.mavenurl.com/'
    }
}
```

有了仓库，就需要通过配置来告诉 Gradle 我们需要依赖什么：

```
dependencies {
    compile group: 'com.squareup.okhttp3', name: 'okhttp', version: '3.0.1'
}
```

上面例子中我们配置了一个 okhttp 的依赖，其中 compile 是依赖名称，它的意思表示我们在编译 Java 源文件时需要依赖 okhttp；group、name 及 version，看它们的名字和顺序，熟悉 Maven 的读者就知道，它们就是 Maven 中的 GAV(groupid、artifactid、version)。这是 Maven 非常重要的组成文件，它们 3 个合起来标记一个唯一的构件。

是不是觉得每次写 group、name、version 非常麻烦？是的，但 Gradle 为我们提供了简写的方式：

```
dependencies {
    compile 'com.squareup.okhttp3:okhttp:3.0.1'
}
```

直接把 group、name、version 去掉，然后以“：”分割它们即可，如上例。

前面我们刚刚提了 compile 这个依赖，它是一个编译时依赖。那么有没有专门针对单元测试代码编译的依赖呢，比如 Junit 4。我正常的代码编译时根本用不上，如果强制使用 compile 也可以，但是 Junit 4 就会被打包到发布的产品中，这不仅增加了产品的大小，也为维护带来了不便。所以 Gradle 为我们提供了 testCompile 依赖，它只会在编译单元测试用例时使用，不会打包到发布的产品中，职责分明。现在我们看看还为我们提供了哪些依赖，见表 6-1。

表 6-1　　gradle 提供的依赖配置

名称	继承自	被哪个任务使用	意义
compile	-	compileJava	编译时依赖
runtime	compile	-	运行时依赖
testCompile	compile	compileTestJava	编译测试用例时依赖
testRuntime	runtime, testCompile	test	仅仅在测试用例运行时依赖
archives	-	uploadArchives	该项目发布构件（JAR 包等）依赖
default	runtime	-	默认依赖配置

除此之外，Java 插件可以为不同的源集在编译时和运行时指定不同的依赖，比如 main 源集指定一个编译时的依赖，vip 源集可以指定另外一个不同的依赖：

```
dependencies {
    mainCompile 'com.squareup.okhttp3:okhttp:3.0.1'
    vipCompile 'com.squareup.okhttp:okhttp:2.5.0'
}
```

它们的通用使用格式见表 6-2。

表 6-2　　依赖的通用使用格式

名称	继承自	被哪个任务使用	意义
sourceSetCompile	-	compileSourceSetJava	为指定的源集提供的编译时依赖
sourceSetRuntime	sourceSetCompile	-	为指定的源集提供的运行时依赖

我们刚刚讲的基于库的这种依赖是外部模块的依赖，一般都会配置一个仓库，不管是 Maven，还是 Ivy 等。除了外部依赖之外，常用的还有项目依赖以及文件依赖。

项目依赖的是一个 Gradle 项目，是在 Settings Build 文件中配置过的，依赖一个项目非常简单，比如：

```
dependencies {
    compile project(':example63')
}
```

这就是一个项目依赖，依赖后，这个项目中的 Java 类等就会为你所用，就像使用自己项目中的类一样。

其次还有文件依赖，这种一般是依赖一个 Jar 包。由于各种原因，我们不能把这个 Jar 发布到 Maven 中心库中，也没有自己搭建 Maven 私服，所以只能放在项目中，假如就放在 libs

文件夹下吧。现在我们就需要依赖它，然后才能使用它提供的功能：

```
dependencies {
    compile files('libs/ex63_1.jar', 'libs/ex63_2.jar')
}
```

这样我们就配置了依赖，成功引入了这两个 Jar 包。但是，有时候 libs 文件夹里的类太多，不能一个个这么写，太多了，这种情况下 Gradle 也为我们考虑到了：

```
dependencies {
    compile fileTree(dir: 'libs', include: '*.jar')
}
```

这样配置后，libs 文件夹下的扩展名为 jar 的都会被依赖，非常方便。这里用到的是 Project 的 fileTree 方法，而不是上面用的 files 方法。

6.4 如何构建一个 Java 项目

在 Gradle 中，执行任何操作都是任务驱动的，构建 Java 项目也不例外。Java 插件为我们提供了很多任务，通过运行它们来达到我们构建 Java 项目的目的。最常用任务是 build 任务，运行它会构建你的整个项目，我们可以通过./gradlew build 执行，然后 Gradle 就会编译你的源码文件，处理你的资源文件，打成 Jar 包，然后编译测试用例代码，处理测试资源，最后运行单元测试。下面我们运行一下看看效果：

```
:example64:compileJava UP-TO-DATE
:example64:processResources UP-TO-DATE
:example64:classes UP-TO-DATE
:example64:jar UP-TO-DATE
:example64:assemble UP-TO-DATE
:example64:compileTestJava UP-TO-DATE
:example64:processTestResources UP-TO-DATE
:example64:testClasses UP-TO-DATE
:example64:test UP-TO-DATE
:example64:check UP-TO-DATE
:example64:build UP-TO-DATE
```

看一下任务运行的顺序，就能看出我们在构建整个 Java 项目的时候，Java 插件都做了哪些事情。最后在 build/libs 生成 Jar 包。

除了 build 任务，还有一些其他常用的任务，比如 clean，这个是删除 build 目录以及其他构建生成的文件。如果编译中有问题，可以先执行 clean，然后重新进行 build。

还有 assemble 任务，该任务不会执行单元测试，只会编译和打包。这个任务在 Android 里也有，执行它可以打 apk 包，所以它不止会打 Jar 包，其实它算是一个引导类的任务，根据不同的项目类型打出不同的包。

还有 check 任务，它只会执行单元测试，有时候还会做一些质量检查，不会打 jar 包，也是一个引导任务。

javadoc 任务，可以为我们生成 Java 格式的 doc api 文档。

通过运行不同的任务，进行不同的构建，达到不同的目的。

6.5 源码集合(SourceSet)概念

SourceSet——源代码集合——源集，是 Java 插件用来描述和管理源代码及其资源的一个抽象概念，是一个 Java 源代码文件和资源文件的集合。通过源集，我们可以非常方便地访问源代码目录，设置源集的属性，更改源集的 Java 目录或者资源目录等。

有了源集，我们就能针对不同的业务和应用对我们源代码进行分组，比如用于主要业务产品的 main 以及用于单元测试的 test，职责分明、清晰。它们两个也是 Java 插件默认内置的两个标准源集。

Java 插件在 Project 下为我们提供了一个 sourceSets 属性以及一个 sourceSets {}闭包来访问和配置源集。sourceSets 是一个 SourceSetContainer，我们可以查阅它的 API，看它有哪些方法和属性供我们使用。sourceSets{}闭包配置的都是 SourceSet 对象，下面我们会讲它有哪些配置：

```
apply plugin:'java'

sourceSets {
    main {
        //这里对 main SourceSet 配置
    }
}

task ex65SourceSetTask {
```

```
    sourceSets.all{
        println name
    }
}
```

源集有很多有用的属性，通过这些属性我们可以很方便地访问或者对源集进行配置。表6-3 列出一些常用的属性

表 6-3 常用源集属性

属性名	类型	描述
name	String	它是只读的，比如 main
output.classesDir	File	该源集编译后的 class 文件目录
output.resourcesDir	File	编译后生成的资源目录
compileClasspath	FileCollection	编译该源集时所需的 classpath
java	SourceDirectorySet	该源集的 Java 源文件
java.srcDirs	Set	该源集的 Java 源文件所在目录
resources	SourceDirectorySet	该源集的资源文件
resources.srcDirs	Set	该源集的资源文件所在目录

我们看一下如何使用它们。比如我想更改我的源代码的存放目录，不想放在 src/main/java 目录下：

```
sourceSets {
    main {
        java {
            srcDir 'src/java'
        }
    }
}
```

现在我们把 main 这个源集的 Java 源文件目录更改到 src/java 目录下了，同理我们也可以修改资源文件的存放目录：

```
sourceSets {
    main {
        resources {
            srcDir 'src/resources'
        }
    }
}
```

定义新的源集只需要在 sourceSets{}闭包里添加即可，我们在 6.2 节已经讲过了，如果还不熟悉，可以回过头来复习一下。

6.6 Java 插件添加的任务

Java 插件为我们添加了很多有用的任务，我们已经介绍了一些，这一节再详细介绍一些。

表 6-4 所列是对所有 Java 项目都适用的任务。对于内置的 main 和 test 源集，甚至我们自己新增的源集也新增了一些任务，见表 6-5。

表 6-4　Java 插件添加的通用任务

任务名称	类型	描述
compileJava	JavaCompile	使用 javac 编译 Java 源文件
processResources	Copy	把资源文件拷贝到生产的资源文件目录里
classes	Task	组装产生的类和资源文件目录
compileTestJava	JavaCompile	使用 javac 编译测试 Java 源文件
processTestResources	Copy	把测试资源文件复制到生产的资源文件目录里
testClasses	Task	组装产生的测试类和相关资源文件目录
jar	Jar	组装 Jar 文件
javadoc	Javadoc	使用 javadoc 生成 Java API 文档
test	Test	使用 JUnit 或 TestNG 运行单元测试
uploadArchives	Upload	上传包含 Jar 的构建，用 archives{}闭包配置
clean	Delete	清理构建生成的目录文件
cleanTaskName	Delete	删除指定任务生成的文件，比如 cleanJar 删除 Jar 任务生成的

表 6-5　源集任务

任务名称	类型	描述
compileSourceSetJava	JavaCompile	使用 javac 编译指定源集的 Java 源代码
processSourceSetResources	Copy	把指定源集的资源文件复制到生产文件下的资源目录中
sourceSetClasses	Task	组装给定源集的类和资源文件目录

运行任务的时候，列表中的任务名称中的 sourceSet 要换成你的源集的名称，比如 main 源

集的名称就是 compileMainJava。

此外还有一些用于描述整个构建生命周期的任务，比如 assemble、build、check 等，这里就不一一介绍了，想具体了解的可以参考相关文档。

6.7 Java 插件添加的属性

Java 插件添加了很多常用的属性，这些属性都被添加到 Project 中，我们可以直接使用，比如前面已经用到的 sourceSets，见表 6-6。

表 6-6　　Java 插件添加的源集属性

属性名	类型	描述
sourceSets	SourceSetContainer	该 Java 项目的源集，可以访问和配置源集
sourceCompatibility	JavaVersion	编译 Java 源文件使用的 Java 版本
targetCompatibility	JavaVersion	编译生成的类的 Java 版本
archivesBaseName	String	我们打包成 Jar 或者 Zip 文件的名字
manifest	Manifest	用于访问或者配置我们的 manifest 清单文件
libsDir	File	存放生成的类库目录
distsDir	File	存放生成的发布的文件的目录

以上这些都是我们常用的属性，注意看它的类型，然后对比 Gradle API 文档看它有哪些可以使用的方法或者属性。

6.8 多项目构建

多项目构建，其实就是多个 Gradle 项目一起构建，比如本书的例子已经是一个多项目了，它们一起通过 Settings.gradle 配置管理。每个项目里都有一个 build 文件对该项目进行配置，然后采用项目依赖，就可以实现多个项目协作，这对于我们开发大项目时，进行模块化非常有用。

下面我们以一个多项目构建的例子，来说明多个项目之间如何依赖构建。

```
└─example68
    ├─app
    │   ├─app.iml
    │   ├─build.gradle
    │   └─src
    └─base
        ├─base.iml
        ├─build.gradle
        └─src
```

以上是目录结构，app 是我们的主项目，base 是我们的基础依赖项目。下面我们在Settings.gradle 里配置它们。

```
include ':example68app'
project(':example68app').projectDir = new File(rootDir, 'chapter06/example68/app')
include ':example68base'
project(':example68base').projectDir = new File(rootDir, 'chapter06/example68/base')
```

现在这两个项目已经被我们加入到 Gradle 项目中了，作为 Gradle 项目。它们分别有自己的 build 文件，都是应用了 Java 插件，表明它们都是 Java 项目。

其中我们在 base 项目中定义了 Person 类以供 app 项目的 HelloWorld 使用。要使用其他项目中的类，我们需要在项目中的 build 文件中配置项目依赖：

```
app/build.gradle
apply plugin:'java'

dependencies {
    compile project(':example68base')
}
```

配置依赖后，我们就可以在 app 项目中随意使用 base 项目中的类了，就像我们在引用一个 Jar 包一样：

```
package org.flysnow.androidgradlebook.ex68.app;

import org.flysnow.androidgradlebook.ex68.base.Person;

/**
 * Created by 飞雪无情 on 16-1-24.
 */
public class HelloWorld {
```

```
    public static void main(String[] args){
        Person person =new Person();
        person.setName("张三");
        person.setAge(18);
        System.out.println(person.toString());
    }
}
```

这样我们就完成了一个多项目中的构建，项目之间相互协作在 Gradle 中变得如此容易。但是还有更炫的功能，有没有注意到我们的项目都是 Java 项目，应用的都是 Java 插件，对于这类公用的配置，Gradle 为我们提供了基于根项目对其所有的子项目通用配置的方法。Gradle 的根项目可以理解为是一个所有子项目的容器，我们可以在根项目中遍历所有的子项目，在遍历的过程中为其配置通用配置：

```
subprojects {
    apply plugin: 'java'
}
```

以上配置就是让其所有子项目应用 Java 插件，所以所有的子项目都是 Java 项目，这比我们一个个对每个子项目配置要方便得多。除了应用插件外，我们可以配置其他公用配置，比如仓库：

```
subprojects {
    apply plugin: 'java'

    repositories {
       mavenCentral()
    }
}
```

还比如配置我们的 Java 项目都使用 Junit 进行单元测试：

```
subprojects {
    apply plugin: 'java'
    repositories {
       mavenCentral()
    }
    dependencies {
        testCompile 'junit:junit:4.12'
    }
}
```

subprojects 可以对其所有的子项目进行配置。如果想对包括根项目在内的所有项目进行统一配置，我们可以使用 allprojects，用法和 subprojects 一样，就不举例子了，大家可以自己尝试一下。

6.9 如何发布构件

有时候我们的项目是一个库工程，要发布 Jar 给其他工程使用，Gradle 为我们提供了非常方便、功能强大的发布功能。通过配置，我们可以把 jar 包发布到本地目录、Maven 库、Ivy 库等中。

Gradle 构建的产物，我们称之为构件。一个构件可以是一个 Jar，也可以是一个 Zip 包或者 WAR 等，要想发布构件，我们首先得定义要发布什么样的构件。下面我们以发布一个 Jar 构件为例：

```
apply plugin:'java'

task publishJar(type: Jar)

artifacts {
    archives publishJar
}
```

发布的构件是通过 artifacts{}闭包配置的，例子中我们通过一个 Task 来为我们发布提供构件。除了使用 Task 之外，还可以直接发布一个文件对象：

```
def publishFile = file('build/buildile')

artifacts {
    archives publishFile
}
```

配置好需要发布的构件后就需要发布了。发布就是上传，把你配置好的构件上传到一个指定的目录、一个指定的 Maven 库、一个指定的 Ivy 库等：

```
apply plugin:'java'

task publishJar(type: Jar)

version  '1.0.0'
```

```
artifacts {
    archives publishJar
}

uploadArchives {
    repositories {
        flatDir {
            name 'libs'
            dirs "$projectDir/libs"
        }
    }
}
```

uploadArchives 是一个 Upload Task，用于上传发布我们的构件。例子中是发布到我们的一个当前项目中的 libs 目录里。除了发布到本地目录外，我们同时也可以发布到 Maven 库中：

```
apply plugin:'java'

task publishJar(type: Jar)

group 'org.flysnow.androidgradlebook.ex69'
version  '1.0.0'

artifacts {
    archives publishJar
}

uploadArchives {
    repositories {
        flatDir {
            name 'libs'
            dirs "$projectDir/libs"
        }
        mavenLocal()
    }
}
```

程序中我们增加了一个 mavenLocal()，它代表我们要发布到本地的 Maven 库。当你运行./gradlew :example69:uploadArchives 后，你可以在你的用户目录下的.m2/repository 文件夹下找到它。

有时候自己的公司搭建的有 Maven 私服，想把自己开发的 Jar 库发布到 Maven 私服里怎么做？和我们上面讲的类似，下面我们以公司搭建的 Nexus 私服为例：

```
apply plugin:'java'
apply plugin:'maven'

task publishJar(type: Jar)

group 'org.flysnow.androidgradlebook.ex69'
version  '1.0.0'

artifacts {
    archives publishJar
}

uploadArchives {
    repositories {
        flatDir {
            name 'libs'
            dirs "$projectDir/libs"
        }
        mavenLocal()
        mavenDeployer {
            repository(url: "http://repo.mycompany.com/nexus/content/repositories/rel
eases") {
                authentication(userName: "usrname", password: "pwd")
            }
            snapshotRepository(url: "http://repo.mycompany.com/nexus/content/reposito
ries/snapshots") {
                authentication(userName: "usrname", password: "pwd")
            }
        }
    }
}
```

这里我们引用了一个 maven 插件，它对 Maven 的发布构件支持得非常好，可以直接配置 release 和 snapshot 库。在使用的时候，把 url 改为自己公司的 Maven 地址，用户名和密码改为自己公司的用户名和密码即可。

6.10 生成 Idea 和 Eclipse 配置

Gradle 提供了 Idea 和 Eclipse 插件来帮助我们生成不同 IDE 下的配置文件，这样我们就能直接使用不同的 IDE 导入项目，满足我们不同 IDE 下的快速配置开发：

```
apply plugin:'java'
apply plugin:'idea'
apply plugin:'eclipse'
```

我们执行./gradlew :example610:idea 就可以生成 Idea 相关的工程配置文件。使用 IDEA 可以直接把它作为 IDEA 工程导入；相似地，执行./gradlew :example610:eclipse 就能生成供 Eclipse 直接导入的 Eclipse 工程配置文件。

6.11 小结

Java 工程是我们最熟悉、最常用的工程，Java 插件对此支持非常好。上面用 10 节介绍了 Java 插件，但是由于篇幅所限，还是有非常多的功能不能一一介绍，比如单元测试报告，Jar 包的 Manifest 清单配置等。如果大家有兴趣，可以查看相关文档，加深对 Java 插件的理解。理解了 Java 插件后，对于我们理解下一章 Android 插件就容易多了。

第 7 章　Android Gradle 插件

从这章开始我们就介绍 Android Gradle 插件了，会通过几章由浅入深、详细介绍 Android Gradle。本章会简单介绍一下 Android Gradle 插件，然后通过一个例子使读者对其有大致的了解；最后讲一下如何从原来基于 Eclipse 进行 Android 开发的方式，转到基于 Android Studio、使用 Android Gradle 插件开发的新方式。

7.1 Android Gradle 插件简介

从 Gradle 的角度看，我们知道 Android 其实就是 Gradle 的一个第三方插件，它是由 Google 的 Android 团队开发的。但是从 Android 的角度看，Android 插件是基于 Gradle 构建的，和 Android Studio 完美无缝搭配的新一代构建系统。它不同于 Eclipse+Ant 的搭配，相比于旧的构建系统，它更灵活，更容易配置，还能很方便地创建衍生的版本，也就是我们常用的多渠道包。让我们看看 Android 官方对它的介绍：

（1）可以很容易地重用代码和资源；

（2）可以很容易地创建应用的衍生版本，所以不管你是创建多个 apk，还是不同功能的应用都很方便；

（3）可以很容易地配置、扩展以及自定义构建过程；

（4）和 IDE 无缝整合。

上面说的 IDE 就是 Android Studio，真是“Android Gradle+Android Studio 搭配，开发不累”。

7.2 Android Gradle 插件分类

Android Gradle 插件的分类其实是根据 Android 工程的属性分类的。在 Android 中有 3 类工程，一类是 App 应用工程，它可以生成一个可运行的 apk 应用；一类是 Library 库工程，它可以生成 AAR 包给其他的 App 工程公用，就和我们的 Jar 一样，但是它包含了 Android 的资源等信息，是一个特殊的 Jar 包；最后一类是 Test 测试工程，用于对 App 工程或者 Library 库工程进行单元测试。

App 插件 id：com.android.application。

Library 插件 id：com.android.library。

Test 插件 id：com.android.test。

通过应用以上 3 种不同的插件，就可以配置我们的工程是一个 Android App 工程，还是一个 Android Library 工程，或者是一个 Android Test 测试工程。然后配合着 Android Studio，就可以分别对它们进行编译、测试、发布等操作。

7.3 应用 Android Gradle 插件

在讲 Gradle 插件的时候，我们讲了要应用一个插件，必须要知道它们的插件 id。除此之外，如果是第三方的插件，还要配置它们的依赖 classpath。Android Gradle 插件就是属于第三方插件，它托管在 Jcenter 上，所以在应用它们之前，我们要先配置依赖 classpath，这样当我们应用插件的时候，Gradle 系统才能找到它们：

```
buildscript {
    repositories {
        jcenter()
    }
    dependencies {
        classpath 'com.android.tools.build:gradle:1.5.0'
    }
}
```

我们配置仓库为 jcenter，这样当我们配置依赖的时候，Gradle 就会去这个仓库里寻找我们的依赖。

然后我们在 dependencies{}配置里，我们需要的是 Android Gradle1.5.0 版本的插件。

buildscript{}这部分配置可以写到根工程的 build.gradle 脚本文件中，这样所有的子工程就不用重复配置了。以上配置好之后，我们就可以应用我们的 Android Gradle 插件了：

```
apply plugin: 'com.android.application'

android {
    compileSdkVersion 23
    buildToolsVersion "23.0.1"
}
```

android{}是 Android 插件提供的一个扩展类型，可以让我们自定义 Android Gradle 工程。compileSdkVersion 是编译所依赖的 Android SDK 的版本，这里是 API Level；buildToolsVersion 是构建该 Android 工程所用构建工具的版本。

以上应用的是一个 App 工程插件，应用 Android Library 插件和 Android Test 插件也是类似的，只需要换成相应的 id 即可。

7.4 Android Gradle 工程示例

Android Gradle 插件继承于 Java 插件，具有所有 Java 插件的特性，它也需要在 Setting 文件里通过 include 配置包含的子工程，也需要应用 Android 插件等。

下面就通过一个 App 工程的示例，来演示 App 的工程目录结构以及相关的 Android Gradle 配置。

我们可以通过 Android Studio 创建一个 App 工程，创建后可以看到其工程目录结构大致如下：

```
example74
├─build.gradle
├─example74.iml
├─libs
├─proguard-rules.pro
└─src
    ├─androidTest
    │   └─java
    ├─main
    │   ├─AndroidManifest.xml
    │   ├─java
    │   └─res
    └─test
        └─java
```

其目录结构和 Java 工程相比没有太大的变化，proguard-rules.pro 是一个混淆配置文件；src 目录下的 androidTest、main、test 分别是 3 个 SourceSet，分别对应 Android 单元测试代码、Android App 主代码和资源、普通的单元测试代码。我们注意到 main 文件夹，相比 Java，多了 AndroidManifest.xml 和 res 这两个属于 Android 特有的文件目录，用于描述 Android App 的配置和资源文件。

下面我们来看看 Android Gradle 的 build.gradle 配置文件：

```
//这是因为代码示例，有比较多的项目，所以把这个配置
//放在子工程里。开发中你可以在根工程里配置，这样每个
//子工程就不用一遍遍配置了
buildscript {
    repositories {
        jcenter()
    }
    dependencies {
        classpath 'com.android.tools.build:gradle:1.5.0'
    }
}
apply plugin: 'com.android.application'

android {
    compileSdkVersion 23
    buildToolsVersion "23.0.1"

    defaultConfig {
        applicationId "org.flysnow.app.example74"
        minSdkVersion 14
        targetSdkVersion 23
        versionCode 1
        versionName "1.0"
    }
    buildTypes {
        release {
            minifyEnabled false
            proguardFiles getDefaultProguardFile('proguard-android.txt'), 'proguard-
rules.pro'
        }
    }
}

dependencies {
    compile fileTree(dir: 'libs', include: ['*.jar'])
```

```
    testCompile 'junit:junit:4.12'
    compile 'com.android.support:appcompat-v7:23.1.1'
    compile 'com.android.support:design:23.1.1'
}
```

Android Gradle 工程的配置，都是在 android{}中，这是唯一的一个入口。通过它，可以对 Android Gradle 工程进行自定义的配置，其具体实现是 com.android.build.gradle.AppExtension，是 Project 的一个扩展，创建原型如下：

```
extension = project.extensions.create('android', getExtensionClass(),
            (ProjectInternal) project, instantiator, androidBuilder, sdkHandler,
            buildTypeContainer, productFlavorContainer, signingConfigContainer,
            extraModelInfo, isLibrary())
```

在 com.android.application 插件中，getExtensionClass()返回的就是 com.android.build.gradle. AppExtension。所以，关于 Android 的很多配置可以从这个类里去找，参考我们前面讲的 Gradle 知识，可以找到很多实用的配置或者可以利用的对象、方法或者属性等。而这些并没有在 Android 文档里介绍，可以通过看源代码了解。

7.4.1 compileSdkVersion

compileSdkVersion 23 是配置我们编译 Android 工程的 SDK，这里的 23 是 Android SDK 的 API Level，对应的是 Android 6.0 的 SDK，这个大家都清楚。该配置的原型是一个 compileSdkVersion 方法：

```
/**
 * Sets the compile SDK version, based on API level, e.g. 21 for Lollipop.
 */
public void compileSdkVersion(int apiLevel) {
    compileSdkVersion("android-" + apiLevel);
}
```

根据我们讲的 Gradle 的基本知识，方法的括号可以省略，分号可以省略，所以就是我们上面的写法，若不太熟悉花可以参考第 2 章。除了这个方法，还有一个同名方法，但是接受的参数是一个 String 类型：

```
/**
 * Sets the compile SDK version, based on full SDK version string, e.g.
 * <code>android-21</code> for Lollipop.
```

```
 */
public void compileSdkVersion(String version) {
    checkWritability();
    this.target = version;
}
```

所以上面的 Build 脚本配置我们还可以写成：

```
android {
    compileSdkVersion 'android-23'
    //......
}
```

除此之外，它还有一个 set 方法，所以我们可以把它当成 Android 的一个属性使用：

```
public void setCompileSdkVersion(int apiLevel) {
    compileSdkVersion(apiLevel);
}

public void setCompileSdkVersion(String target) {
    compileSdkVersion(target);
}
```

使用方式是：

```
android.compileSdkVersion = 23
//or
android.compileSdkVersion = 'android-23'
```

这就是 Gradle 的灵活之处，通过不同的方法，就可以达到不同的配置方式。

7.4.2 buildToolsVersion

buildToolsVersion "23.0.1"表示我们使用的 Android 构建工具的版本。我们可以在 Android SDK 目录里看到，它是一个工具包，包括 appt、dex 等工具。它的原型也是一个方法：

```
public void buildToolsVersion(String version) {
    checkWritability();
    buildToolsRevision = FullRevision.parseRevision(version);
}
```

```
/**
 * <strong>Required.</strong> Version of the build tools to use.
 *
 * <p>Value assigned to this property is parsed and stored in a normalized form, so
reading it
 * back may give a slightly different string.
 */
@Override
public String getBuildToolsVersion() {
    return buildToolsRevision.toString();
}

public void setBuildToolsVersion(String version) {
    buildToolsVersion(version);
}
```

从以上的方法原型中可以看到，我们可以通过 buildToolsVersion 方法赋值，也可以通过 android.buildToolsVersion 这个属性读写它的值。

7.4.3 defaultConfig

defaultConfig 是默认的配置，它是一个 ProductFlavor。ProductFlavor 允许我们根据不同的情况同时生成多个不同的 APK 包，比如我们后面介绍的多渠道打包。如果不针对我们自定义的 ProductFlavor 单独配置的话，会为这个 ProductFlavor 使用默认的 defaultConfig 的配置。

- 例子中 applicationId 是配置我们的包名，这里是 org.flysnow.app.example74。
- minSdkVersion 是最低支持的 Android 系统的 API Level，这里是 14。
- targetSdkVersion 表明我们是基于哪个 Android 版本开发的，这里是 23。
- versionCode 表明我们的 App 应用内部版本号，一般用于控制 App 升级。
- versionName 表明我们的 App 应用的版本名称，用户可以看到，就是我们发布的版本，这里是 1.0。

以上所有配置对应的都是 ProductFlavor 类里的方法或者属性。

7.4.4 buildTypes

buildTypes 是一个 NamedDomainObjectContainer 类型，是一个域对象。还记得我们讲的 SourceSet 吗？这个和 SourceSet 一样。SourceSet 里有 main、test 等，同样地，buildTypes 里有

release、debug 等。我们可以在 buildTypes{}里新增任意多个我们需要构建的类型，比如 debug，Gradle 会帮我们自动创建一个对应的 BuildType，名字就是我们定义的名字。

release 就是一个 BuildType，后面章节会详细介绍 BuildType，例子中我们用到了两个配置。

minifyEnabled 是否为该构建类型启用混淆，我们这里是 false，表示不启用。如果想要启用可以设置为 true。

proguardFiles，当我们启用混淆时，所使用的 proguard 的配置文件，我们可以通过它配置我们如何进行 proguard 混淆，比如混淆的级别，哪些类和方法不进行混淆等。它对应 BuildType 的 proguardFiles 方法，可以接受一个可变参数。所以我们同时可以配置多个配置文件，比如如下的例子：

```
proguardFiles getDefaultProguardFile('proguard-android.txt'), 'proguard-rules.pro'
```

getDefaultProguardFile 是 Android 扩展的一个方法，它可以获取你的 Android SDK 目录下默认的 proguard 配置文件。在 android-sdk/tools/proguard/目录下，文件名就是我们传入的参数的名字 proguard-android.txt。

其他还有很多有用的配置，我们后面的章节都会一一介绍，这里只简单介绍入门示例，让大家对 Android Gradle 有一个了解。

7.5 Android Gradle 任务

我们说过，Android 插件是基于 Java 的插件，所以 Android 插件基本上包含了所有 Java 插件的功能，包括继承的任务，比如 assemble、check、build 等。除此之外，Android 在大类上还添加了 connectedCheck、deviceCheck、lint、install、uninstall 等任务，这些是属于 Android 特有的功能。

connectedCheck 在所有连接的设备或者模拟器上运行 check 检查。

deviceCheck 通过 API 连接远程设备运行 checks。它被用于 CI（持续集成）服务器上。

lint 在所有的 ProductFlavor 上运行 lint 检查。

install 和 uninstall 类的任务可以直接在我们已连接的设备上安装或者卸载你的 App。

除此之外，还有一些不太常用的任务，比如 signingReport 可以打印 App 的签名，androidDependencies 可以打印 Android 的依赖。还有其他一些类似的任务，大家可以通过./gradlew tasks 来查看。

一般我们常用的任务是 build、assemble、clean、lint、check 等，通过这些任务可以打包生成 apk，对现有的 Android 工程进行 lint 检查等。

7.6 从 Eclipse 迁移到 Android Gradle 工程

最开始的时候还没有 Android Studio，也没有 Android Gradle 这个插件，我们都是使用 Eclipse+ADT+Ant 进行 Android 开发。用过 Ant 的，再和我们的 Gradle 对比一下，就会发现 Gradle 的灵活性，还有 Android Studio 这个强大的 IDE 和 Android Gradle 完美配合，会使得我们开发效率大大提高，所以很多人都迫不及待地想从原来基于 Eclipse+ADT+Ant，迁移到我们的 Android Studio+Gradle，这一节我们就简单讲一下如何迁移。

从 Eclipse 迁移到 Android Studio 有两种方式，一种是使用 Android Studio 直接导入 Eclipse 工程；另外一种使用 Eclipse 导出 Android Gradle 配置文件，转换为一个 Gradle 工程，然后再使用 Android Studio 把它作为一个 Gradle 工程导入。

7.6.1 使用 Android Studio 导入

这种方式比较简单，要导入到 Android Studio。我们打开 Android Studio，选择 File->Import Project 项；接下来会弹出一个对话框，选择我们的 Eclipse ADT 工程的目录；然后会打开一个向导，按向导一步步操作，最后完成的时候，会打开一个“import-summary.txt”文件，里面描述了我们这次导入涉及的文件迁移和改变等，我们再根据上面讲的 Android Gradle 工程结构做调整即可。

```
ECLIPSE ANDROID PROJECT IMPORT SUMMARY
======================================

Ignored Files:
--------------
The following files were *not* copied into the new Gradle project; you
should evaluate whether these are still needed in your project and if
so manually move them:

* proguard/
* proguard/dump.txt
* proguard/mapping.txt
```

```
* proguard/seeds.txt
* proguard/usage.txt

Moved Files:
------------
Android Gradle projects use a different directory structure than ADT
Eclipse projects. Here's how the projects were restructured:

* AndroidManifest.xml => app/src/main/AndroidManifest.xml
* assets/ => app/src/main/assets
* proguard.cfg => app/proguard.cfg
* res/ => app/src/main/res/
* src/ => app/src/main/java/

Next Steps:
-----------
You can now build the project. The Gradle project needs network
connectivity to download dependencies.

Bugs:
-----
If for some reason your project does not build, and you determine that
it is due to a bug or limitation of the Eclipse to Gradle importer,
please file a bug at http://b.android.com with category
Component-Tools.

(This import summary is for your information only, and can be deleted
after import once you are satisfied with the results.)
```

以上是我导入的一个例子生成的 import-summary.txt。我们可以看到有一段 Moved Files，也就是说，这种导入方式，会把我们原来 Eclipse+ADT 项目的目录结构转换成了 Android Studio 的目录结构，破坏了原来的目录结构。如果对于目录结构有严格要求的，就不要使用这种方式了，可以使用我们下面讲的第二种方式；如果没有严格要求的，建议采用这种方式，因为这是 Android Studio 默认推荐的目录结构，也可以熟悉一下，因为它毕竟是 Android Studio 的一种默认的约定，团队人员都熟悉了，沟通交流就简单了。

7.6.2 从 Eclipse+ADT 中导出

从 Eclipse 中导出也非常简单。我们首先打开 Eclipse，然后在其中找到要导出的工程，右击->Export 项，如图 7-1 所示。导出之前确保你的 ADT 越新越好，因为可能有些 Bug 会在新版里修复。

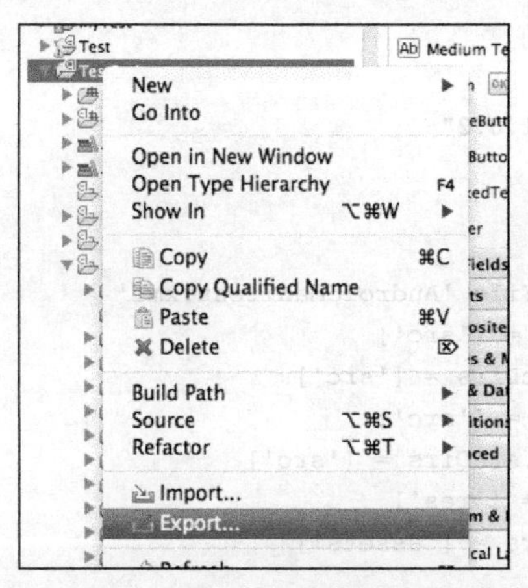

▲图 7-1 Eclipse 导出，图片来自互联网（Android Tech Site）

选择导出之后，会看到一个对话框，我们在其中展开 Android，然后会看到 Generate Gradle Build Files 选项，选择它即可。然后就会打开一个向导，我们按照向导操作，就会生成 Gradle Android 工程需要的 Setting 和 build 脚本文件，如图 7-2 所示。

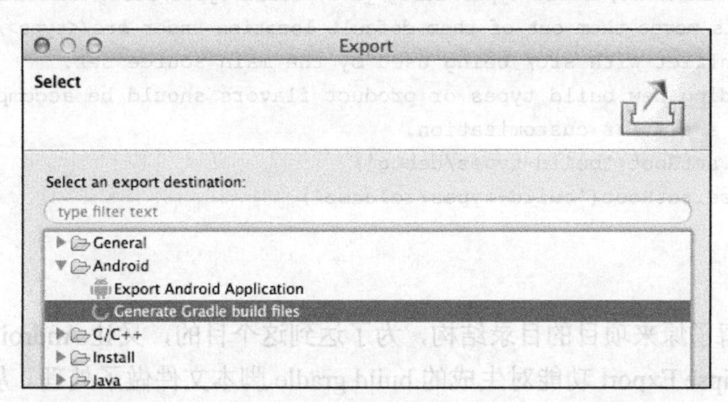

▲图 7-2 Eclipse 导出，图片来自互联网（Android Tech Site）

最后我们再打开 Android Studio，然后选择 File->Import Project 项，选择刚刚导出的 Android 工程目录，然后单击 Next 按钮，一步步操作即可导入到 Android Studio 中。

下面我们看一下这种方式生成的 build.gradle 脚本示例：

```
apply plugin: 'com.android.application'

dependencies {
    compile fileTree(dir: 'libs', include: '*.jar')
}
```

```
android {
    compileSdkVersion 16
    buildToolsVersion "21.0.2"

    sourceSets {
        main {
            manifest.srcFile 'AndroidManifest.xml'
            java.srcDirs = ['src']
            resources.srcDirs = ['src']
            aidl.srcDirs = ['src']
            renderscript.srcDirs = ['src']
            res.srcDirs = ['res']
            assets.srcDirs = ['assets']
        }

        // Move the tests to tests/java, tests/res, etc...
        instrumentTest.setRoot('tests')

        // Move the build types to build-types/<type>
        // For instance, build-types/debug/java, build-types/debug/AndroidManifest.xml, ...
        // This moves them out of them default location under src/<type>/... which would
        // conflict with src/ being used by the main source set.
        // Adding new build types or product flavors should be accompanied
        // by a similar customization.
        debug.setRoot('build-types/debug')
        release.setRoot('build-types/release')
    }
}
```

这种方式保留了原来项目的目录结构，为了达到这个目的，又让 Android Studio 可以识别该项目，所以 Eclipse Export 功能对生成的 build.gradle 脚本文件做了处理。从上面的例子中我们可以看到，重写了 main 这个 SourceSet，为 Android Studio 指明我们的 java 文件、res 资源文件、assets 文件、aidl 文件以及 manifest 文件在项目中的位置。这样 Android Studio 才能识别它们，进而作为一个 Android 工程进行编译构建。

以前的 Eclipse+ADT 的工程结构、单元测试是放在 tests 目录下的，所以在这里对其单元测试目录进行了重新设置，指定我们原来的 tests 目录为其单元测试根目录。debug 和 release 这两个 Build Type 也类似。

以上两种迁移方式，可根据自己的情况选择。不过还是建议大家选择第一种，迁移后就用 Android Studio 的目录结构来开发，不然会有很多兼容性的 build 脚本代码，以后 Android Gradle 插件升级也不容易，因为有时候会有一些兼容性，导致以后的程序有任何变动都要小心处理。

7.7 小结

本章介绍了 Android Gradle 插件，让大家对 Android Gradle 以及 Android Studio 工程有一个简单而全面的了解，也可以基于这些知识新建自己的 Android Gradle 工程，并进行开发。这是一个整体的认识，读者可了解其中的一些基本概念。

下面几章会从一些现实中的项目使用到的情况来介绍 Android Gradle，比如多工程打包，发布库工程，多渠道打包等.等这些介绍完之后，相信大家已经非常熟悉 Android Gradle 的使用了。然后会用一章对 Android Gradle 做一个全面的介绍，到时候会有很多你没有见过的配置和功能等。

第8章　自定义 Android Gradle 工程

Android Gradle 为我们提供了大量的 DSL，我们使用这些 DSL 定义配置我们的工程以满足我们项目中不同的需求。这些 DSL 有很多，在上一章演示 Android Gradle 工程示例的时候，我们已经大致介绍了 compileSdkVersion、buildToolsVersion 以及 defaultConfig 等。这一章我们再详细介绍一些常用的 DSL 配置，这些配置有签名信息、构建类型、代码混淆、zipAlign 对齐压缩等。

8.1 defaultConfig 默认配置

defaultConfig 是 Android 对象中的一个配置块，负责定义所有的默认配置。它是一个 ProductFlavor，如果一个 ProductFlavor 没有被特殊定义配置的话，默认就会使用 defaultConfig{} 块指定的配置，比如包名、版本号、版本名称等。

一个基本的 defaultConfig 配置如下：

```
android {
    compileSdkVersion 23
    buildToolsVersion "23.0.1"

    defaultConfig {
        applicationId "org.flysnow.app.example74"
        minSdkVersion 14
        targetSdkVersion 23
        versionCode 1
        versionName "1.0"
    }
```

```
    //......
}
```

以上示例配置了 Android 开发的基本信息，可以满足一个基本的 Android App 开发，下面我们对它的一些配置进行详细说明。

8.1.1 applicationId

applicationId 是 ProductFlavor 的一个属性，用于指定生成的 App 的包名，默认情况下是 null。这时候在构建的时候，会从我们的 AndroidManifest.xml 文件中读取，也就是我们在 AndroidManifest.xml 文件中配置的 manifest 标签的 package 属性值。

8.1.2 minSdkVersion

minSdkVersion 是 ProductFlavor 的一个方法，对应的方法原型是：

```
/**
 * Sets minimum SDK version.
 *
 * <p>See <a href="http://developer.android.com/guide/topics/manifest/uses-sdk-
element.html">
 * uses-sdk element documentation</a>.
 */
public void minSdkVersion(int minSdkVersion) {
    setMinSdkVersion(minSdkVersion);
}
```

它可以指定我们的 App 最低支持的 Android 操作系统版本，其对应的值是 Android SDK 的 API LEVEL。根据这里的方法原型，它接受的值是一个整数，除此之外，它还有以下两种方法原型定义：

```
public void setMinSdkVersion(@Nullable String minSdkVersion) {
    setMinSdkVersion(getApiVersion(minSdkVersion));
}

/**
 * Sets minimum SDK version.
 *
 * <p>See <a href="http://developer.android.com/guide/topics/manifest/uses-sdk-element.html">
 * uses-sdk element documentation</a>.
```

```
 */
public void minSdkVersion(@Nullable String minSdkVersion) {
    setMinSdkVersion(minSdkVersion);
}
```

根据我们前面讲的 Gradle 知识，发现 minSdkVersion 也是一个属性，它也可以接受一个字符串作为它的值。在这里明确一下，这个字符串不是我们 SDK API LEVEL 的字符串形式，而是 Code Name，也就是每个 Android SDK 的代号。如表 8-1 所示，让大家一目了然。

表 8-1　Android 代号版本对应表

Code name	Version	API level
Nougat	7.1	API level 25
Nougat	7.0	API level 24
Marshmallow	6.0	API level 23
Lollipop	5.1	API level 22
Lollipop	5.0	API level 21
KitKat	4.4 - 4.4.4	API level 19
Jelly Bean	4.3.x	API level 18
Jelly Bean	4.2.x	API level 17
Jelly Bean	4.1.x	API level 16
Ice Cream Sandwich	4.0.3 - 4.0.4	API level 15, NDK 8
Ice Cream Sandwich	4.0.1 - 4.0.2	API level 14, NDK 7
Honeycomb	3.2.x	API level 13
Honeycomb	3.1	API level 12, NDK 6
Honeycomb	3.0	API level 11
Gingerbread	2.3.3 - 2.3.7	API level 10
Gingerbread	2.3 - 2.3.2	API level 9, NDK 5
Froyo	2.2.x	API level 8, NDK 4
Eclair	2.1	API level 7, NDK 3
Eclair	2.0.1	API level 6
Eclair	2.0	API level 5
Donut	1.6	API level 4, NDK 2
Cupcake	1.5	API level 3, NDK 1
(no code name)	1.1	API level 2
(no code name)	1.0	API level 1

8.1.3　targetSdkVersion

这个用于配置我们基于哪个 Android SDK 开发，它的可选值和 minSdkVersion 一样。没有配置的时候也会从 AndroidManifest.xml 文件中读取，参考 minSdkVersion 的介绍，这里就不多做介绍了。

8.1.4 versionCode

它也是 ProductFlavor 的一个属性，用于配置 Android App 的内部版本号，是一个整数值，通常用于版本的升级。没有配置的时候从 AndroidManifest.xml 文件中读取，建议配置。其方法原型是：

```
/**
 * Sets the version code.
 *
 * @param versionCode the version code
 * @return the flavor object
 */
@NonNull
public ProductFlavor setVersionCode(Integer versionCode) {
    mVersionCode = versionCode;
    return this;
}

/**
 * Version code.
 *
 * <p>See <a href="http://developer.android.com/tools/publishing/versioning.html">
Versioning Your Application</a>
 */
@Override
@Nullable
public Integer getVersionCode() {
    return mVersionCode;
}
```

8.1.5 versionName

versionName 和 versionCode 类似，也是 ProductFlavor 的一个属性，用于配置 Android App 的版本名称，如 V1.0.0 等，让用户知道我们的 Android App 版本。它和 versionCode 一个是外部使用，一个是内部使用，一起配合完成 Android App 的版本控制，其方法原型是：

```
/**
 * Sets the version name.
```

```
 *
 * @param versionName the version name
 * @return the flavor object
 */
@NonNull
public ProductFlavor setVersionName(String versionName) {
    mVersionName = versionName;
    return this;
}

/**
 * Version name.
 *
 * <p>See <a href="http://developer.android.com/tools/publishing/versioning.html">
Versioning Your Application</a>
 */
@Override
@Nullable
public String getVersionName() {
    return mVersionName;
}
```

8.1.6　testApplicationId

用于配置测试 App 的包名，默认情况下是 applicationId + “.test”。一般情况下默认即可，它也是 ProductFlavor 的一个属性，方法原型是：

```
/** Sets the test application ID. */
@NonNull
public ProductFlavor setTestApplicationId(String applicationId) {
    mTestApplicationId = applicationId;
    return this;
}

/**
 * Test application ID.
 *
 * <p>See <a href="http://tools.android.com/tech-docs/new-build-system/applicationid-
vs-packagename">ApplicationId versus PackageName</a>
 */
@Override
@Nullable
public String getTestApplicationId() {
```

```
    return mTestApplicationId;
}
```

8.1.7 testInstrumentationRunner

用于配置单元测试时使用的 Runner，默认使用的是 android.test.InstrumentationTestRunner，如果你想使用自定义的 Runner，修改这个值即可。它也是一个属性，其方法原型是：

```
/** Sets the test instrumentation runner to the given value. */
@NonNull
public ProductFlavor setTestInstrumentationRunner(String testInstrumentationRunner) {
    mTestInstrumentationRunner = testInstrumentationRunner;
    return this;
}

/**
 * Test instrumentation runner class name.
 *
 * <p>This is a fully qualified class name of the runner, e.g.
 * <code>android.test.InstrumentationTestRunner</code>
 *
 * <p>See <a href="http://developer.android.com/guide/topics/manifest/instrumentation-
element.html">
 * instrumentation</a>.
 */
@Override
@Nullable
public String getTestInstrumentationRunner() {
    return mTestInstrumentationRunner;
}
```

8.1.8 signingConfig

配置默认的签名信息，对生成的 App 签名。它是一个 SigningConfig，也是 ProductFlavor 的一个属性，可以直接对其进行配置，其方法原型是：

```
/**
 * Signing config used by this product flavor.
 */
@Override
@Nullable
```

```
public SigningConfig getSigningConfig() {
    return mSigningConfig;
}

/** Sets the signing configuration. e.g.: {@code signingConfig signingConfigs.
myConfig} */
@NonNull
public ProductFlavor setSigningConfig(SigningConfig signingConfig) {
    mSigningConfig = signingConfig;
    return this;
}
```

其具体使用，我们稍后进行介绍。

8.1.9 proguardFile

用于配置 App ProGuard 混淆所使用的 ProGuard 配置文件。它是 ProductFlavor 的一个方法，接受一个文件作为参数，其方法原型为：

```
/**
 * Adds a new ProGuard configuration file.
 *
 * <p><code>proguardFile getDefaultProguardFile('proguard-android.txt')</code></p>
 *
 * <p>There are 2 default rules files
 * <ul>
 *     <li>proguard-android.txt
 *     <li>proguard-android-optimize.txt
 * </ul>
 * <p>They are located in the SDK. Using <code>getDefaultProguardFile(String filename
)</code> will return the
 * full path to the files. They are identical except for enabling optimizations.
 */
public void proguardFile(@NonNull Object proguardFile) {
    getProguardFiles().add(project.file(proguardFile));
}
```

从程序中可以看到，它可以被调用多次，其参数被 project.file 方法转换为一个文件对象。其具体使用我们稍后进行介绍。

8.1.10 proguardFiles

这个也是配置 ProGuard 的配置文件，只不过它可以同时接受多个配置文件，因为它的参数是一个可变类型的参数：

```
/**
 * Adds new ProGuard configuration files.
 *
 * <p>There are 2 default rules files
 * <ul>
 *     <li>proguard-android.txt
 *     <li>proguard-android-optimize.txt
 * </ul>
 * <p>They are located in the SDK. Using <code>getDefaultProguardFile(String filename
)</code> will return the
 * full path to the files. They are identical except for enabling optimizations.
 */
public void proguardFiles(@NonNull Object... proguardFileArray) {
    getProguardFiles().addAll(project.files(proguardFileArray).getFiles());
}
```

从方法实现中我们可以看到，同时可以添加多个 ProGuard 配置，在实际情况下可以选择不同的配置方式。

8.2 配置签名信息

一个 App 只有在签名之后才能被发布、安装、使用，签名是保护 App 的方式，标记该 App 的唯一性。如果 App 被恶意篡改，签名就不一样了，就无法升级安装，一定程度上也保护了我们的 App。

要对 App 进行签名，你先得有一个签名证书文件，这个文件被开发者持有。我们这里假设你已经有生成的证书，不对证书的生成进行介绍了。

一般我们的 App 有 debug 和 release 两种模式（下面会讲构建类型），在我们开发调试的时候使用的是 debug 模式，发布的时候使用 release 模式；我们可以针对这两种模式采用不同的签名方式，一般 debug 模式的时候，Android SDK 已经为我们提供了一个默认的 debug 签名证书，我们可以直接使用，但是发布的时候，release 模式构建时，我们要配置使用自己生成的签名证书。

对于签名信息的配置，Android Gradle 为我们提供了非常简便的方式，我们可以非常容易地配置一个签名信息以供调用：

```
android {
    compileSdkVersion 23
    buildToolsVersion "23.0.1"

    signingConfigs {
        release {
            storeFile file("myreleasekey.keystore")
            storePassword "password"
            keyAlias "MyReleaseKey"
            keyPassword "password"
        }
    }
  //......
}
```

Android Gradle 提供了 signingConfigs{}配置块便于我们生成多个签名配置信息。signingConfigs 是 Android 的一个方法，它接受一个域对象作为其参数。前面我们讲过，其类型是 NamedDomainObjectContainer，这样我们在 signingConfigs{}块中定义的都是一个 SigningConfig。一个 SigningConfig 就是一个签名配置，其可配置的元素如下：storeFile 签名证书文件，storePassword 签名证书文件的密码，storeType 签名证书的类型，keyAlias 签名证书中密钥别名，keyPassword 签名证书中该密钥的密码。

上面的例子中我们定义配置了一个名为 release 的签名配置。除此之外，我们还可以配置多个不同的签名前置，比如我们添加一个 debug 的配置：

```
android {
    compileSdkVersion 23
    buildToolsVersion "23.0.1"

    signingConfigs {
        release {
            storeFile file("myreleasekey.keystore")
            storePassword "password"
            keyAlias "MyReleaseKey"
            keyPassword "password"
        }
        debug {
```

```
            storeFile file("mydebugkey.keystore")
            storePassword "password"
            keyAlias "MyDebugKey"
            keyPassword "password"
        }
    }
  //......
}
```

默认情况下，debug 模式的签名已经被配置好了，使用的就是 Android SDK 自动生成的 debug 证书。它一般位于$HOME/.android/debug.keystore，其 Key 和密码都是已知的，一般情况下我们不需要单独配置 debug 模式的签名信息。

现在我们配置好了两个签名信息，但是它们还没有被使用，现在只是生成了两个 SigningConfig 的实例，一个变量名为 release，一个为 debug，如果要使用它们我们只需要引用它们即可，比如在 8.1.8 小节中，我们讲配置默认的签名信息时的应用。现在我们就可以引用 debug 的配置信息：

```
android {
    compileSdkVersion 23
    buildToolsVersion "23.0.1"

    signingConfigs {
        release {
            storeFile file("myreleasekey.keystore")
            storePassword "password"
            keyAlias "MyReleaseKey"
            keyPassword "password"
        }
        debug {
            storeFile file("mydebugkey.keystore")
            storePassword "password"
            keyAlias "MyDebugKey"
            keyPassword "password"
        }
    }

    defaultConfig {
        applicationId "org.flysnow.app.example82"
        minSdkVersion 14
        targetSdkVersion 23
        versionCode 1
        versionName "1.0"
```

```
            signingConfig signingConfigs.debug
        }
    }
```

从程序中可以看到，我们在 defaultConfig 中对签名配置的应用，这里的 signingConfigs 是 Android 对象实例的一个属性，对应的是 getSigningConfigs()，debug 就是我们上面创建的签名配置名称。

除了上面的默认签名配置之外，也可以对构建的类型分别配置签名信息，比如上面讲的 debug 模式配置 debug 的签名信息，release 默认配置 release 的签名信息：

```
android {
    compileSdkVersion 23
    buildToolsVersion "23.0.1"

    signingConfigs {
        release {
            storeFile file("myreleasekey.keystore")
            storePassword "password"
            keyAlias "MyReleaseKey"
            keyPassword "password"
        }
        debug {
            storeFile file("mydebugkey.keystore")
            storePassword "password"
            keyAlias "MyDebugKey"
            keyPassword "password"
        }
    }
    buildTypes {
        release {
            signingConfig signingConfigs.release
        }
        debug {
            signingConfig signingConfigs.debug
        }
    }
    //……
}
```

如果你还有其他类型，想为其配置单独的签名，也可以这么做，如付费版的 VIP，单独进行签名配置，特别的渠道包单独配置等。

8.3 构建的应用类型

关于构建类型，前面的章节我们已经用到了一些，在 Android Gradle 工程中，Android Gradle 已经帮我们内置了 debug 和 release 两个构建类型，这两种模式的主要差别在于，能否在设备上调试以及签名不一样，其他代码和文件资源都是一样的，一般情况下也够用了：

```
android {
    buildTypes {
        release {
            minifyEnabled false
            proguardFiles getDefaultProguardFile('proguard-android.txt'), 'proguard-rules.pro'
        }
        debug {
        }
    }
}
```

如果想增加新的构建类型，在 buildTypes{}代码块中继续添加元素就可以。buildTypes 和 signingConfigs 一样，也是 Android 的一个方法，接受的参数也是一个域对象 NamedDomainObjectContainer。添加的每一个都是 BuildType 类型，所以，你可以使用 BuildType 提供的方法和属性对现有的 BuildType 配置，这里列举一些常用的配置。

8.3.1 applicationIdSuffix

applicationIdSuffix 是 BuildType 的一个属性，用于配置基于默认 applicationId 的后缀，比如默认 defaultConfig 中配置的 applicationId 为 org.flysnow.app.example82。我们在 debug 的 BuildType 中指定 applicationIdSuffix 为.debug，那么构建生成的 debug apk 的包名就是 org.flysnow.app.example82.debug。其方法原型为：

```
/**
 * Application id suffix applied to this base config.
 */
@NonNull
public BaseConfigImpl setApplicationIdSuffix(@Nullable String applicationIdSuffix) {
    mApplicationIdSuffix = applicationIdSuffix;
    return this;
```

```
}

/**
 * Application id suffix applied to this base config.
 */
@Override
@Nullable
public String getApplicationIdSuffix() {
    return mApplicationIdSuffix;
}
```

8.3.2 debuggable

debuggable 也是 BuildType 的一个属性，用于配置是否生成一个可供调试的 apk。其值可以为 true 或者 false，其方法原型为：

```
/** Whether this build type should generate a debuggable apk. */
@NonNull
public BuildType setDebuggable(boolean debuggable) {
    mDebuggable = debuggable;
    return this;
}

/** Whether this build type should generate a debuggable apk. */
@Override
public boolean isDebuggable() {
    // Accessing coverage data requires a debuggable package.
    return mDebuggable || mTestCoverageEnabled;
}
```

8.3.3 jniDebuggable

jniDebuggable 和 debuggable 类似，也是 BuildType 的一个属性，用于配置是否生成一个可供调试 Jni（C/C++）代码的 apk。接受 boolean 类型的值，其方法原型为：

```
/**
 * Whether this build type is configured to generate an APK with debuggable native code.
 */
@NonNull
public BuildType setJniDebuggable(boolean jniDebugBuild) {
    mJniDebuggable = jniDebugBuild;
```

```
        return this;
    }

    /**
     * Whether this build type is configured to generate an APK with debuggable native code.
     */
    @Override
    public boolean isJniDebuggable() {
        return mJniDebuggable;
    }
```

8.3.4 minifyEnabled

也是 BuildType 的一个属性，用于配置该 BuildType 是否启用 Proguard 混淆，接受一个 boolean 类型的值，方法原型为：

```
    /** Whether Minify is enabled for this build type. */
    @NonNull
    public BuildType setMinifyEnabled(boolean enabled) {
        mMinifyEnabled = enabled;
        return this;
    }

    /** Whether Minify is enabled for this build type. */
    @Override
    public boolean isMinifyEnabled() {
        return mMinifyEnabled;
    }
```

8.3.5 multiDexEnabled

也是 BuildType 的一个属性，用于配置该 BuildType 是否启用自动拆分多个 Dex 的功能。一般用程序中代码太多，超过了 65535 个方法的时候。拆分为多个 Dex 的处理，后面会详细讲解。接受一个 boolean 类型的值，方法原型为：

```
    /**
     * Whether Multi-Dex is enabled for this variant.
     */
    @Override
    @Nullable
    public Boolean getMultiDexEnabled() {
```

```
    return mMultiDexEnabled;
}

public void setMultiDexEnabled(@Nullable Boolean multiDex) {
    mMultiDexEnabled = multiDex;
}
```

8.3.6　proguardFile

是 BuildType 的一个方法，用于配置 Proguard 混淆使用的配置文件，和前面讲的 defaultConfig 中的 proguardFile 一样，方法原型为：

```
/**
 * Adds a new ProGuard configuration file.
 *
 * <p><code>proguardFile getDefaultProguardFile('proguard-android.txt')</code></p>
 *
 * <p>There are 2 default rules files
 * <ul>
 *     <li>proguard-android.txt
 *     <li>proguard-android-optimize.txt
 * </ul>
 * <p>They are located in the SDK. Using <code>getDefaultProguardFile(String filename)
</code>
 * will return the full path to the files. They are identical except for enabling
optimizations.
 */
@NonNull
public BuildType proguardFile(@NonNull Object proguardFile) {
    getProguardFiles().add(project.file(proguardFile));
    return this;
}
```

8.3.7　proguardFiles

是 BuildType 的一个方法，用于配置 Proguard 混淆使用的配置文件，该方法可以同时配置多个 Proguard 配置文件，其方法原型为：

```
/**
 * Adds new ProGuard configuration files.
```

```
 */
@NonNull
public BuildType proguardFiles(@NonNull Object... proguardFileArray) {
    getProguardFiles().addAll(project.files(proguardFileArray).getFiles());
    return this;
}
```

8.3.8 shrinkResources

是 BuildType 的一个属性，用于配置是否自动清理未使用的资源，默认为 false，其方法原型为：

```
/**
 * Whether shrinking of unused resources is enabled.
 *
 * Default is false;
 */
@Override
public boolean isShrinkResources() {
    return shrinkResources;
}

public void setShrinkResources(boolean shrinkResources) {
    this.shrinkResources = shrinkResources;
}
```

这是一个非常有用的功能，我们在后面的章节会详细介绍。

8.3.9 signingConfig

配置该 BuildType 使用的签名配置，前面已经讲过，可以参考 8.2 节内容。其方法原型为：

```
/** Sets the signing configuration. e.g.: {@code signingConfig signingConfigs.myConfi
g} */
@NonNull
public BuildType setSigningConfig(@Nullable SigningConfig signingConfig) {
    mSigningConfig = signingConfig;
    return this;
}

/** Sets the signing configuration. e.g.: {@code signingConfig signingConfigs.myConfig} */
```

```
@Override
@Nullable
public SigningConfig getSigningConfig() {
    return mSigningConfig;
}
```

每一个 BuildType 都会生成一个 SourceSet，默认位置为 src//。根据我们以前讲的知识，一个 SourceSet 包含源代码、资源文件等信息，在 Android 中就包含了我们的 Java 源代码、res 资源文件以及 AndroidManifest 文件等。所以针对不同的 BuildType，我们可以单独为其指定 Java 源代码、res 资源等。只要把它们放到 src//下相应的位置即可，在构建的时候，Android Gradle 会优先使用它们代替 main 下的相关文件。

另外需要注意，因为每个 BuildType 都会生成一个 SourceSet，所以新增的 BuildType 名字一定要注意，不能是 main 和 androidTest，因为它们两个已经被系统占用，同时每个 BuildType 之间名称不能相同。

除了会生成对应的 SourceSet 外，每一个 BuildType 还会生成相应的 assemble 任务，比如常用的 assembleRelease 和 assembleDebug 就是 Android Gradle 自动生成的两个 Task 任务，它们是 release 和 debug 这两个 BuildType 自动创建生成的。执行相应的 assemble 任务，就能生成对应 BuildType 的所有 apk。

8.4 使用混淆

代码混淆是一个非常有用的功能，它不仅能优化我们的代码，让 apk 包变得更小；还可以混淆我们原来的代码，让反编译的人不容易看明白业务逻辑，很难分析。一般情况下我们发布到市场的版本一定是要混淆的，也就是用 release 模式编译的版本。但是我们自己调试的版本不用混淆，因为混淆后就无法断点跟踪调试了，也就是用 debug 模式。

要启用混淆，我们把 BuildType 的属性 minifyEnabled 的值设置为 true 即可：

```
android {
    buildTypes {
        release {
            minifyEnabled true
        }
        debug {

        }
```

```
    }
}
```

现在我们启用了混淆，但是Android Gradle还不知道按何种规则进行混淆，不知道要保留哪些类不混淆，要做到这些就需要Proguard配置文件了，现在为我们的混淆指定配置文件：

```
android {
    buildTypes {
        release {
            minifyEnabled true
            proguardFiles getDefaultProguardFile('proguard-android.txt'), 'proguard-
rules.pro'
        }
        debug {

        }
    }
}
```

根据我们8.3节讲的知识，指定Proguard配置文件可以使用proguardFile方法，也可以使用proguardFiles方法，这个根据情况而定，看你是想指定一个还是想同时指定多个。

这里我们注意到，使用了一个getDefaultProguardFile方法，该方法是Android实例的一个方法。全限定写法可以这样android.getDefaultProguardFile，它的作用是获取Android SDK安装目录中，Android为我们提供的默认Proguard混淆配置文件，路径是Android SDK安装目录下的tools/proguard文件夹，我们看一下该方法的原型：

```
public File getDefaultProguardFile(String name) {
    File sdkDir = sdkHandler.getAndCheckSdkFolder();
    return new File(sdkDir,
            SdkConstants.FD_TOOLS + File.separatorChar
                    + SdkConstants.FD_PROGUARD + File.separatorChar
                    + name);
}
```

从实现中看，我们只需传递一个文件名给这个方法，它就会返回tools/proguard目录下的该文件的绝对路径。

Android SDK默认为我们提供了两个Proguard配置文件，它们分别是proguard-android.txt和proguard-android-optimize.txt，一个是没有优化的，另一个是优化的，你可以根据情况自己选择。当然你也可以都不用，全部自己定义，自己定义的时候可以参考Proguard官方网站文档，查看相关配置说明。

除了在 BuildType 中启用混淆和配置混淆外，我们也可以在 defaultConfig 中启用和配置，还记得我们前面在 8.1 节讲的吧，因为这个是默认配置，一般用的比较少。

我们还可以针对个别渠道，启用和配置 Proguard 混淆，多渠道包是通过 productFlavors 配置的。productFlavors 是一个 NamedDomainObjectContainer 域对象，其配置的渠道本质上就是一个 ProductFlavor，和 defaultConfig 是一样的，所以每个渠道也可以单独启用和配置 Proguard 混淆。

8.5　启用 zipalign 优化

zipalign 是 Android 为我们提供的一个整理优化 apk 文件的工具，它能提高系统和应用的运行效率，更快地读写 apk 中的资源，降低内存的使用。所以对于要发布的 App，在发布之前一定要使用 zipalign 进行优化。

Android Gradle 提供了开启 zipalign 优化更简便的方式，我们只需要配置开启即可，剩下的操作，如调用 SDK 目录下的 zipalign 工具进行处理等，Android Gradle 会帮我们搞定。要为 release 模式开启 zipalign 优化的话，只需进行如下配置即可：

```
android {
    buildTypes {
        release {
            zipAlignEnabled true
        }
        debug {

        }
    }
}
```

zipAlignEnabled 是 BuildType 的一个属性，接受一个 boolean 类型的值，它的方法原型为：

```
/** Whether zipalign is enabled for this build type. */
@NonNull
public BuildType setZipAlignEnabled(boolean zipAlign) {
    mZipAlignEnabled = zipAlign;
    return this;
```

```
}

/** Whether zipalign is enabled for this build type. */
@Override
public boolean isZipAlignEnabled() {
    return mZipAlignEnabled;
}
```

8.6 小结

这一章对我们 Android Gradle 常用的 DSL 做了详细讲解，并且尽可能对常用的属性方法配置也进行了详细说明。同时配有每个属性和方法的实现源代码，让大家对这些配置有个更深入的认识。大家可以灵活使用这些 DSL 对自己的项目进行自定义构建，以满足项目需求。

下一章介绍一些高级的自定义 DSL，同时会就现实中遇到的问题进行分析解决。

第 9 章　Android Gradle 高级自定义

这一章主要结合项目中可能用到的一些实用功能来介绍 Android Gradle，例如，如何隐藏我们的证书文件，降低风险；如何批量修改生成的 apk 文件名，这样我们就可以修改成我们需要的文件名，从文件名中就可以看到渠道、版本号以及生成日期等信息；还有其他突破 65535 方法的限制等。

9.1 使用共享库

Android 的包（比如 android.app、android.content、android.view、android.widget 等）是默认就包含在 Android SDK 库里的，所有的应用都可以直接使用它们，系统会帮我们自动链接它们，不会出现找不到相关类的情况。还有一些库，比如 com.google.android.maps、android.test.runner 等，这些库是独立的，并不会被系统自动链接，所以我们要使用它们的话，就需要单独进行生成使用，这类库我们称为共享库。

在 AndroidManifest 文件中，我们可以指定要使用的库：

```
<uses-library
    android:name="com.google.android.maps"
    android:required="true" />
```

这样我们就声明了需要使用 maps 这个共享库。声明之后，在安装生成的 apk 包的时候，系统会根据我们的定义，帮助检测手机系统是否有我们需要的共享库。因为我们设置的 android:required="true"，如果手机系统不满足，将不能安装该应用。

在 Android 中，除了标准的 SDK，还存在两种库：一种是 add-ons 库，它们位于 add-ons

目录下，这些库大部分是第三方厂商或者公司开发的，一般是为了让开发者使用，但是又不想暴露具体标准实现的；第二类是 optional 可选库，它们位于 platforms/android-xx/optional 目录下，一般是为了兼容旧版本的 API，比如 org.apache.http.legacy，这是一个 HttpClient 的库。从 API 23 开始，标准的 Android SDK 中不再包含 HttpClient 库，如果还想使用 HttpClient 库，就必须使用 org.apache.http.legacy 这个可选库。

对第一类 add-ons 附件库来说，Android Gradle 会自动解析，帮我们添加到 classpath 里。但是第二类 optional 可选库就不会了，我们看一下关于这两种库的 Android Gradle 源码说明，位于 IAndroidTarget.java 文件中：

```
/**
 * Returns a list of optional libraries for this target.
 *
 * These libraries are not automatically added to the classpath.
 * Using them requires adding a <code>uses-library</code> entry in the manifest.
 *
 * @return a list of libraries.
 *
 * @see OptionalLibrary#getName()
 */
@NonNull
List<OptionalLibrary> getOptionalLibraries();

/**
 * Returns the additional libraries for this target.
 *
 * These libraries are automatically added to the classpath, but using them requires
 * adding a <code>uses-library</code> entry in the manifest.
 *
 * @return a list of libraries.
 *
 * @see OptionalLibrary#getName()
 */
@NonNull
List<OptionalLibrary> getAdditionalLibraries();
```

从程序中可以看到，这时候我们就需要自己把这个可选库添加到 classpath 中。为此，Android Gradle 提供了 useLibrary 方法，让我们可以把一个库添加到 classpath 中，这样才能在代码中使用它们：

```
android {
    useLibrary 'org.apache.http.legacy'
}
```

只要知道它的名字，就可以使用 useLibrary 把它们添加到 classpath 中，这样编译就可以通过了。useLibrary 是一个方法，看一下它的源代码实现：

```
/**
 * Request the use a of Library. The library is then added to the classpath.
 * @param name the name of the library.
 */
public void useLibrary(String name) {
    useLibrary(name, true);
}


/**
 * Request the use a of Library. The library is then added to the classpath.
 * @param name the name of the library.
 * @param required if using the library requires a manifest entry, the  entry will
 * indicate that the library is not required.
 */
public void useLibrary(String name, boolean required) {
    libraryRequests.add(new LibraryRequest(name, required));
```

以上的 Android Gradle 配置已经可以生成 apk，并能安装运行。但是按照上面的两类库的官方源代码说明文档，我们最好也要在 AndroidManifest 文件中配置一下 uses-library 标签，以防出现问题。

对于 Api Level 低于 23 的系统来说，默认的标准库里已经包含了 Apache HttpClient 库，所以我们这里的 Android Gradle 配置只是为了保证编译的通过；那么对于等于或者大于 23 的系统呢？系统标准包里有没有 Apache HttpClient 库呢？如果没有，是不是已经把它当成一个共享库呢？试试如果不在 AndroidManifest 文件中配置 uses-library 标签是否可以运行。友情提示：用 PackageManager().getSystemSharedLibraryNames()方法。

9.2 批量修改生成的 apk 文件名

普通的 Java 程序比较简单，因为它有一个有限的任务集合，而且它的属性或者方法都是 Java Gradle 插件添加的，比较固定，而且我们访问任务以及任务里的方法和属性都比较方便。比如 classes 这个编译 Java 源代码的任务，我们通过 project.tasks.classes 就可以访问它，非常快捷。但是，Android 工程相对于 Java 工程来说，要复杂得多，因为它有很多相同的任务，这些任务的名字都是通过 Build Types 和 Product Flavors 生成的，是动态创建和生成的，而且生成的时间比较靠后，如果你还像原来一样在某个闭包里通过 project.tasks 获取一个任务，会提示找不到该任务，因为还没有生成。

既然要修改生成的 apk 文件名，那么就要修改 Android Gradle 打包的输出。为了解决这个问题（不限于此），Android 对象为我们提供了 3 个属性：applicationVariants（仅仅适用于 Android 应用 Gradle 插件），libraryVariants（仅仅适用于 Android 库 Gradle 插件），testVariants（以上两种 Gradle 插件都适用）。

以上 3 个属性返回的都是 DomainObjectSet 对象集合，里面的元素分别是 ApplicationVariant、LibraryVariant 和 TestVariant。这 3 个元素的名字直译来意思是变体，通俗地讲它们就是 Android 构建的产物。比如 ApplicationVariant 代表 Google 渠道的 release 包，也可以代表 dev 开发用的 debug 包，我们上面提到了，它们基于 Build Types 和 Product Flavors 生成的产物，后面的多渠道打包章节我们会详细讲解。

特别需要注意的是，访问以上这 3 种集合都会触发创建所有的任务，这意味着访问这些集合后无须重新配置就会产生，也就是说假如我们通过访问这些集合，修改生成 apk 的输出文件名，那么就会自动触发创建所有任务，此时我们修改后的新的 apk 文件名就会起作用，达到修改 apk 文件名的目的。因为这些是一个集合，包含所有生成的产物，所以只需要进行迭代就可以达到批量修改 apk 文件名的目的：

```
com.android.build.gradle.AppExtension 中的 getApplicationVariants 方法
/**
     * Returns the list of Application variants. Since the collections is built after
 evaluation, it
     * should be used with Gradle's <code>all</code> iterator to process future items
.
     */
    public DomainObjectSet<ApplicationVariant> getApplicationVariants() {
        return applicationVariantList;
    }
```

下面我们给出一个批量修改 apk 文件名的例子：

```
android {
    compileSdkVersion 23
    buildToolsVersion "23.0.1"

    useLibrary 'org.apache.http.legacy'

    defaultConfig {
```

```
        applicationId "org.flysnow.app.example92"
        minSdkVersion 14
        targetSdkVersion 23
        versionCode 1
        versionName "1.0"
    }
    buildTypes {
        release {
            minifyEnabled false
            proguardFiles getDefaultProguardFile('proguard-android.txt'), 'proguard-
            rules.pro'
            zipAlignEnabled true
        }
    }
    productFlavors {
        google {

        }
    }
    applicationVariants.all { variant ->
        variant.outputs.each{ output ->
            if (output.outputFile != null && output.outputFile.name.endsWith('.apk')
                    &&'release'.equals(variant.buildType.name)) {
                def flavorName = variant.flavorName.startsWith("_") ? variant.flavorName.
                substring(1) : variant.flavorName
                def apkFile = new File(
                        output.outputFile.getParent(),
                        "Example92_${flavorName}_v${variant.versionName}_${buildTime
                        ()}.apk")
                output.outputFile = apkFile
            }
        }
    }
}

def buildTime() {
    def date = new Date()
    def formattedDate = date.format('yyyyMMdd')
    return formattedDate
}
```

applicationVariants 是一个 DomainObjectCollection 集合，我们可以通过 all 方法进行遍历，遍历的每一个 variant 都是一个生成的产物。针对示例，共有 googleRelease 和 googleDebug 两个产物，所以遍历的 variant 共有 googleRelease 和 googleDebug 两个。

applicationVariants 中的 variant 都是 ApplicationVariant，通过查看源代码，可以看到它有一个 outputs 作为它的输出。每一个 ApplicationVariant 至少有一个输出，也可以有多个，所以这里的 outputs 属性是一个 List 集合、我们再遍历它，如果它的名字是以.apk 结尾的话，那么就是我们要修改的 apk 名字了，然后我们就可以根据需求，修改成想要的名字。这里修改的是以'项目名_渠道名_v 版本名称_构建日期.apk'格式生成的文件名，这样通过文件名就可以把该 apk 的基本信息了解，比如什么渠道、什么版本、什么时候构建的等。最后生成的示例 apk 名字为 Example92_google_v1.0_ 20160229.apk，大家可以运行测试一下。注意 buildTime 这个我们自定义的返回日期格式的方法。

这一节主要介绍批量修改 apk 文件名，其中涉及了对现有生成产出（变体）的操纵；然后引出了多渠道以及操纵任务等信息的两个属性集合，并且对它们做了简单介绍。后面的多渠道打包一章会详细讲解，这里大概了解一下原理，会使用即可。

9.3 动态生成版本信息

每一个应用都会有一个版本号，这样用户就知道自己安装的应用是哪个版本，是不是最新版。当有了问题时，也可以找客服报上自己的版本，让客服有针对性地帮用户解决问题。一般的版本有 3 部分构成：major.minor.patch，第一个是主版本号，第二个是副版本号，第三个是补丁号。这种我们常见的是 1.0.0 这样的格式。当然也有两位的 1.0 格式，对应的是 major.minor。

9.3.1 最原始的方式

最开始的时候我们都是配置在 build 文件里的，如下：

```
android {
    compileSdkVersion 23
    buildToolsVersion "23.0.1"

    defaultConfig {
        applicationId "org.flysnow.app.example93"
        minSdkVersion 14
        targetSdkVersion 23
        versionCode 1
        versionName "1.0.0"
    }
}
```

这种方式我们直接写在 versionName 的后面，比较直观。但是这种方式有个很大的问题，就是修改不方便，特别是当 build 文件中有很多代码时，不容易找到，而且修改容易出错，代码版本管理时也容易产生冲突。

9.3.2　分模块的方式

既然最原始的方式修改不方便，那么可不可以把版本号的配置单独抽取出来，放在单独的文件里，供 build 引用，就像我们在 Android 里，单独新建一个存放常量的 Java 类一样，供其他类调用。幸运地是，Android 是支持基于文件的模块化，它就是 apply from。

还记得我们应用插件的知识吧，我们不光可以应用一个插件，也可以把另一个 Gradle 文件引用进来。我们新建一个 version.gradle 文件，用于专门存放版本：

```
version.gradle
ext {
    appVersionCode =1
    appVersionName = "1.0.0"
}
```

程序中 ext{}块表明要为当前 project 创建扩展属性，以供其他脚本引用。它就像我们 Java 里的变量一样，创建好之后，我们在 build.gradle 中引用它：

```
build.gradle
apply from: 'version.gradle'
android {
    compileSdkVersion 23
    buildToolsVersion "23.0.1"


    defaultConfig {
        applicationId "org.flysnow.app.example93"
        minSdkVersion 14
        targetSdkVersion 23
        versionCode appVersionCode
        versionName appVersionName
    }
}
```

从示例中可以看到，我们先使用 apply from 加载 version.gradle 脚本文件，这样它里面定义的扩展属性就可以使用了。然后，为 versionCode 和 versionName 配置定义好的属性变量。

这种方式，我们每次只用修改 version.gradle 里的版本号即可，方便、容易，也比较清晰。在团队协作的过程中，大家看到这个文件，就能猜测出它大概是做什么的。

9.3.3 从 git 的 tag 中获取

一般 jenkins 打包发布的时候，我们都会从已经打好的一个 tag 打包发布，而 tag 的名字一般就是版本名称，这时候就可以动态获取 tag 名称作为应用的名称。可能你用的不是 git 版本控制系统，用其他工具大同小异，这里以 git 为例。

想获取当前的 tag 名称，在 git 下非常简单，使用如下命令即可：

```
git describe --abbrev=0 --tags
```

知道了命令，那么我们如何在 Gradle 中动态获取呢？这就需要用 exec 了，Gradle 提供了执行 shell 命令非常简便的方法，这就是 exec。它是一个 Task 任务，可以创建一个继承 exec 的任务来执行 shell 命令，但是比较麻烦。还好 Gradle 已经为我们想到了这个问题，为我们在 Project 对象里提供了 exec 方法：

```
/**
 * Executes an external command. The closure configures a {@link org.gradle.process.
ExecSpec}.
 *
 * @param closure The closure for configuring the execution.
 * @return the result of the execution
 */
ExecResult exec(Closure closure);

/**
 * Executes an external command.
 * <p>
 * The given action configures a {@link org.gradle.process.ExecSpec}, which is used
to launch the process.
 * This method blocks until the process terminates, with its result being returned.
 *
 * @param action The action for configuring the execution.
 * @return the result of the execution
 */
ExecResult exec(Action<? super ExecSpec> action);
```

其参数接受闭包和 Action 两种方式，一般我们都是采用闭包的方式，其闭包的配置是通过 ExecSpec 对象来配置的，我们从源代码的文档中也可以看到说明：

```
/**
 * Specified the options for executing some command.
 */
public interface ExecSpec extends BaseExecSpec {
    /**
     * Sets the full command line, including the executable to be executed plus its a
       rguments.
     *
     * @param args the command plus the args to be executed
     */
    void setCommandLine(Object... args);

    /**
     * Sets the full command line, including the executable to be executed plus its a
rguments.
     *
     * @param args the command plus the args to be executed
     */
    void setCommandLine(Iterable<?> args);

    /**
     * Sets the full command line, including the executable to be executed plus its
arguments.
     *
     * @param args the command plus the args to be executed
     * @return this
     */
    ExecSpec commandLine(Object... args);

    /**
     * Sets the full command line, including the executable to be executed plus its
arguments.
     *
     * @param args the command plus the args to be executed
     * @return this
     */
    ExecSpec commandLine(Iterable<?> args);

    /**
     * Adds arguments for the command to be executed.
     *
     * @param args args for the command
     * @return this
     */
```

```
    ExecSpec args(Object... args);

    /**
     * Adds arguments for the command to be executed.
     *
     * @param args args for the command
     * @return this
     */
    ExecSpec args(Iterable<?> args);

    /**
     * Sets the arguments for the command to be executed.
     *
     * @param args args for the command
     * @return this
     */
    ExecSpec setArgs(Iterable<?> args);

    /**
     * Returns the arguments for the command to be executed. Defaults to an empty list.
     */
    List<String> getArgs();
}
```

从 ExecSpec 源代码中可以看出，Project 的 exec 方法的闭包可以有 commandLine 属性、commandLine 方法、args 属性，以及 args 方法等配置供我们使用，我们这里只需要 commandLine 方法就可以达到目的了：

```
/**
 * 从 git tag 中获取应用的版本名称
 * @return git tag 的名称
 */
def getAppVersionName(){
    def stdout = new ByteArrayOutputStream()
    exec {
        commandLine 'git','describe','--abbrev=0','--tags'
        standardOutput = stdout
    }
    return stdout.toString()
}
```

以上示例定义了一个 getAppVersionName 方法来获取 tag 名称，exec 执行后的输出可以用 standardOutput 获得，它是 BaseExecSpec 的一个属性。ExecSpec 继承了 BaseExecSpec，所以

可以在 exec{}闭包中使用。

通过该方法获取了 git tag 的名称后，就可以把它作为应用的版本名称了。使用非常简单，只要把 versionName 配置成这个方法就好了。下面绘出的是一个名为 appVersionName 的扩展属性：

```
android {
    compileSdkVersion 23
    buildToolsVersion "23.0.1"


    defaultConfig {
        applicationId "org.flysnow.app.example93"
        minSdkVersion 14
        targetSdkVersion 23
        versionCode appVersionCode
        versionName getAppVersionName()
    }
}
```

以上我们通过 git tag 动态获取了版本名称，那么版本号我们如何动态获取呢？版本号作为我们内部开发的标识，主要用于控制应用进行生成，一般它是+1 递增的，每发一版，其值就+1，而每一次发版我们就会打一个 tag，tag 的数量也会增加 1 个，和我们版本号的递增逻辑是符合的。那么我们是不是可以把 git tag 的数量作为我们的版本号呢？答案是肯定的，这样打包发布版本之前，只需打一个 tag，tag 数量+1，版本号也会跟着+1，达到了我们的目的：

```
/**
 * 以 git tag 的数量作为其版本号
 * @return tag 的数量
 */
def getAppVersionCode(){
    def stdout = new ByteArrayOutputStream()
    exec {
        commandLine 'git','tag','--list'
        standardOutput = stdout
    }
    return stdout.toString().split("\n").size()
}
```

以上示例我们定义一个 getAppVersionCode 方法来获取 git tag 的数量，用于我们的版本号。然后在 defaultConfig 里使用这个方法即可，替换掉 appVersionCode 变量：

```
android {
    compileSdkVersion 23
    buildToolsVersion "23.0.1"

    defaultConfig {
        applicationId "org.flysnow.app.example93"
        minSdkVersion 14
        targetSdkVersion 23
        versionCode getAppVersionCode()
        versionName getAppVersionName()
    }
}
```

通过上面的程序就大功告成，这样在发布版本打包之前，只需要打一个 tag，然后 Android Gradle 打包的时候就会自动生成应用的版本名称和版本号，非常方便，再也不用为维护应用的版本信息担心了。这也是我们使用 Gradle 构建的灵活之处，如果使用 Ant，会麻烦得多，有兴趣的读者可以思考一下。

9.3.4 从属性文件中动态获取和递增

其实上一小节内容已经可以满足我们大部分编程中遇到的情况了，如果大家不想用上述方法，或者想自己更灵活地控制版本信息，可以采用 Properties 属性文件的方式，这里我不给出示例代码了，仅给出思路，大家可以自己练习实现一下。如果遇到问题，可以到通过前言里的联系方式交流。

大致思路如下。1. 在项目目录下新建一个 version.properties 的属性文件。2. 把版本名称分成 3 部分 major.minor.patch，版本号分成一部分 number，然后在 version.properties 中新增 4 个 KV 键值对，其 key 就是我们上面分好的，value 是对应的值。3. 在 build.gradle 里新建两个方法，用于读取该属性文件，获取对应 key 的值，然后把 major.minor.patch 这 3 个 key 拼接成版本名称，number 用于版本号。4. 以上就达到了获取版本信息的目的，获取使用之后，我们还要更新存放在 version.properties 文件中的信息，这样就可以达到版本自增的目的，以供下次使用。5. 在更新版本名称 3 部分的时候，可以自定义自己的逻辑，是逢 10 高位+1 呢，还是其他算法，都可以自己灵活定义。6. 使用版本信息，更新 version.properties 文件的时机，记得 doLast 这个方法哦。7. 记得不会在自己运行调试的时候让你的版本信息自增，如何控制呢？就是要区分是真正的打包发布版本，还是平时的调试、测试，有很多办法来区分的。

这一小节到这里也写完了，动态获取生成版本信息的思路都大同小异，只是信息来源不一样，比如 git tag，version 配置等。你自己的业务项目中还可以从其他更多的渠道来生成，这也是因为 Gradle 的灵活，我们才可以随心所欲地做到这么多。

9.4 隐藏签名文件信息

很多开发团队一开始成立的时候，十来个人就开始创业了，每个组基本上就一个人，开始的时候，大家都不知道这款产品是否可以成功，所以也都没想那么多，只能小步快跑，快速迭代，占领市场，抢占用户，这才是最重要的。

随着产品越做越好，团队越来越大，组内成员越来越多，就开始注重团队协作、编码规范、性能安全、团队建设等。因为只有做到这些，整个团队的工作效率和产出才能更高，才能有团队的威力，到最后靠的是团队，而不是一个人。

以前我们都是把 App 的签名证书和相关密钥放在项目中，托管在 git 上。这样做非常方便，可以直接访问打包，并且借助 git 这个代码管理平台维护管理。但是签名信息这个是我们应用非常重要的信息，属于公司重要的资源，所以要做到分级管理，保证安全，这也是公司保密措施的一部分。基于此，我们讲一下签名信息如何隐藏，又能保证每个人可以打正式签名的包。

签名信息既然不能放在项目中，那么就需要有个地方存放它们。签名信息既然不能在每个开发者的计算机上，那就只能放到服务器上了。所以要实现这个，你还得有自己的专门用于打包发版的服务器，我们把签名文件和密钥信息放到服务器上，在打包的时候去读取即可。下面我们以使用环境变量的方式为例：

```
android {
    compileSdkVersion 23
    buildToolsVersion "23.0.1"

    signingConfigs {
        def appStoreFile = System.getenv("STORE_FILE")
        def appStorePassword = System.getenv("STORE_PASSWORD")
        def appKeyAlias = System.getenv("KEY_ALIAS")
        def appKeyPassword = System.getenv("KEY_PASSWORD")
        release {
            storeFile file(appStoreFile)
            storePassword appStorePassword
            keyAlias appKeyAlias
            keyPassword appKeyPassword
        }
    }
    buildTypes {
```

```
            release {
                signingConfig signingConfigs.release
                zipAlignEnabled true
            }
        }
    }
```

然后我们在打包的机器上配置以上环境变量即可，Windows 和 Linux 的配置方式不一样。关于配置环境变量的知识，大家可以自行 Google 一下。

如果你是使用 Jenkins 这类 CI 打包，以 Jenkins，它的配置里就可以指定 Jenkins 使用的环境变量，这样我们就不用区分 Linux 和 Windows 了，只需要在 Jenkins 里配置即可。

以上配置好之后，我们就可以进行打包使用了，签名信息也做了隐藏。看到这里，相信大家也意识到了一个问题，那就是每个开发者计算机上并没有如上的环境变量配置。因为签名信息对他们是隐藏的，那么如何进行打包测试呢？这就需要 debug 签名“上场”了。我们直接使用 Android 自己提供的 debug 签名即可，因为我们需要的是签名，保证可以生成 App 测试（非 debug 调试）即可。

首先要从我们自己的计算机目录上提取出来 Android 自带的 debug 签名，一般在 ${HOME}/.android/目录下。找到后复制到工程目录下，其次，找到它们的签名信息，比如密码、key 等，这是公开的，我们可以参考 Android 文档：

```
android {
    compileSdkVersion 23
    buildToolsVersion "23.0.1"

    signingConfigs {
        def appStoreFile = System.getenv("STORE_FILE")
        def appStorePassword = System.getenv("STORE_PASSWORD")
        def appKeyAlias = System.getenv("KEY_ALIAS")
        def appKeyPassword = System.getenv("KEY_PASSWORD")

        //当不能从环境变量里获取到签名信息的时候，就使用项目中带的 debug 签名
        if(!appStoreFile||!appStorePassword||!appKeyAlias||!appKeyPassword){
            appStoreFile = "debug.keystore"
            appStorePassword = "android"
            appKeyAlias = "androiddebugkey"
            appKeyPassword = "android"
        }
        release {
            storeFile file(appStoreFile)
            storePassword appStorePassword
```

```
            keyAlias appKeyAlias
            keyPassword appKeyPassword
        }
    }
}
```

程序中关键的逻辑就是在 signingConfigs 中加了判断代码，如果签名信息四要素中的任何一个没有获取到，就使用默认的签名信息。这样当在打包服务器进行打包的时候，就会使用正式发布的签名，因为已经在服务器上配置了签名信息的环境变量；当每个开发者自己生成 Release 包的时候，因为本机没有配置，就使用默认的签名。

假如有的开发者有时候也需要使用正式发布的签名打正式的包，用于升级测试等目的，也是可以做到的。比如 Jenkins，给每个开发者开放一个账号，他们自己新建个 Job 就可以打正式的包了，打包之后可以在生成的构建里下载，关于 Jenkins 的具体使用后面的章节会详细讲。

这一节讲到这里也算是结束了，这一节的目的是如何隐藏签名信息，既能保证签名信息的安全性，又可以进行正式的打包。其中的关键点是一个专有的打包服务器，如果你们公司还没有的话，赶紧试试吧。这样做的优点很多，本小节就是其中之一。还有打包速度快，开发与打包并行，什么时候都可以定时打包等。打包成功之后还能自动发送给市场人员，也就是“小”自动化部署。

9.5 动态配置 AndroidManifest 文件

动态配置 AndroidManifest 文件，顾名思义就是可以在构建的过程中，动态修改 AndroidManifest 文件中的一些内容。这样的例子非常多，比如使用友盟等第三方分析统计的时候，会要求我们在 AndroidManifest 文件中指定渠道名称：

```
<meta-data android:value="Channel ID" android:name="UMENG_CHANNEL"/>
```

示例中的 Channel ID 我们要替换成不同渠道的名称，比如 google、baidu、miui 等。

对于这种情况我们不可能定义很多个 AndroidManifest 文件，因为这种工作烦琐，而且维护麻烦。所以就需要在构建的时候，根据正在生成的不同渠道包来为其指定不同的渠道名。对于这种情况，Android Gradle 提供了非常便捷的方法让我们来替换 AndroidManifest 文件中的内容，它就是 manifestPlaceholder、Manifest 占位符。

ManifestPlaceholders 是 ProductFlavor 的一个属性，是一个 Map 类型，所以我们可以同时

配置很多个占位符。下面就通过这个配置渠道号的例子来演示 manifestPlaceholders 的用法：

```
android {
    compileSdkVersion 23
    buildToolsVersion "23.0.1"

    productFlavors {
        google {
            manifestPlaceholders.put("UMENG_CHANNEL","google")
        }
        baidu {
            manifestPlaceholders.put("UMENG_CHANNEL","baidu")
        }
    }
}
```

例子中我们定义了两个渠道 Google 和 Baidu，并且配置了它们的 manifestPlaceholders。留意我们的使用方式，它们的 key 都是一样的，是 UMENG_CHANNEL，这个 key 就是我们在 AndroidManifest 文件中的占位符变量。在构建的时候，它会把 AndroidManifest 文件中所有占位符变量为 UMENG_CHANNEL 的内容替换为 manifestPlaceholders 中对应的 value 值。我们看 AndroidManifest 文件中具体的使用：

```
<?xml version="1.0" encoding="utf-8"?>
<manifest package="org.flysnow.app.example95"
        xmlns:android="http://schemas.android.com/apk/res/android">

    <application
        android:allowBackup="true"
        android:icon="@mipmap/ic_launcher"
        android:label="@string/app_name"
        android:supportsRtl="true"
        android:theme="@android:style/Theme.Black">
        <meta-data android:value="${UMENG_CHANNEL}" android:name="UMENG_CHANNEL"/>
        <activity
            android:name=".MainActivity"
            android:label="@string/title_activity_main">
            <intent-filter>
                <action android:name="android.intent.action.MAIN"/>

                <category android:name="android.intent.category.LAUNCHER"/>
            </intent-filter>
        </activity>
    </application>
```

```
</manifest>
```

看到以上示例中的meta-data标签了吗？其中${UMENG_CHANNEL}就是一个占位符，它的变量名是 UMENG_CHANNEL。构建的时候${UMENG_CHANNEL}将会被替换为Google 或者 Baidu。

现在运行./gradlew example95:assembleBaiduRelease，打一个百度渠道的包，然后通过apktool 反编译，可以看到 AndroidManifest 文件中的${UMENG_CHANNEL}已经被替换成了Baidu：

```
<?xml version="1.0" encoding="utf-8" standalone="no"?>
<manifest xmlns:android="http://schemas.android.com/apk/res/android" package="org.flysnow.
app.example95" platformBuildVersionCode="23" platformBuildVersionName="6.0-2438415">
    <application android:allowBackup="true" android:icon="@mipmap/ic_launcher" androi
d:label="@string/app_name" android:supportsRtl="true" android:theme="@android:style/T
heme.Black">
        <meta-data android:name="UMENG_CHANNEL" android:value="baidu"/>
        <activity android:label="@string/title_activity_main" android:name="org.flysnow.
app.example95.MainActivity">
            <intent-filter>
                <action android:name="android.intent.action.MAIN"/>
                <category android:name="android.intent.category.LAUNCHER"/>
            </intent-filter>
        </activity>
    </application>
</manifest>
```

通过以上方式就可以动态配置我们的渠道，非常方便。但是这里也有一个问题，就是我们渠道非常多的时候呢？一个 App 很随意地就有几十个渠道需要发布，我们总不能一个个配置吧，太多也太累，维护也麻烦。假如我们的友盟的渠道名和我们在 Android Gradle 中配置的ProductFlavor 一样的话就简单了，可以通过迭代 productFlavors 批量的方式进行修改。

```
android {
    compileSdkVersion 23
    buildToolsVersion "23.0.1"

    productFlavors {
        google {
        }
        baidu {
        }
```

```
    }
    productFlavors.all { flavor ->
        manifestPlaceholders.put("UMENG_CHANNEL",name)
    }
}
```

我们通过 all 函数遍历每一个 ProductFlavor，然后把它们的 name 作为友盟中渠道的名字，非常方便。这里不止可以做这一个事情，在遍历 ProductFlavor 的时候，你可以做很多你想做的事情，这就是 Gradle 的灵活之处，把脚本当成程序写。

Android Gradle 提供的 manifestPlaceholders 占位符的应用方式，让我们可以替换 AndroidManifest 文件中任何${Var}格式的占位符。所以它的使用场景不限于渠道名这一个，比如还有 ContentProvider 的 auth 的授权，或者其他动态配置 meta 信息等。灵活运用它能帮助我们做很多事情，让我们的构建更灵活，更方便。

9.6 自定义你的 BuildConfig

对于 BuildConfig 这个类，相信大家都不会陌生，我们找到它，在它的源程序顶部会看到“Automatically generated file. DO NOT MODIFY”，说它是自动生成的不能修改。那么它是如何自动生成的呢？它是由 Android Gradle 构建脚本在编译后生成的，默认情况下一般是这样的：

```
/**
 * Automatically generated file. DO NOT MODIFY
 */
package org.flysnow.app.example96;

public final class BuildConfig {
  public static final boolean DEBUG = Boolean.parseBoolean("true");
  public static final String APPLICATION_ID = "org.flysnow.app.example96";
  public static final String BUILD_TYPE = "debug";
  public static final String FLAVOR = "baidu";
  public static final int VERSION_CODE = 1;
  public static final String VERSION_NAME = "1.0.0";
}
```

DEBUG 用于标记是 debug 模式还是 release 模式。剩下的还有包名，当前构建的类型是 debug 还是 release，当前构建的渠道，当前的版本号以及版本名称。你会发现这些差不多就是我们当前构建渠道的基本应用信息。它们都是常量，相比我们获取这些信息的其他方式，无疑它们是非常方便的。

比如你要获取当前的包名，一般我们都会使用 context.getPackageName()函数，这个函数中又会有很多实现，很麻烦，很复杂，性能也不高。但是如果直接引用 BuildConfig.APPLICATION_ID 就方便多了，性能也非常快，除此之外还有渠道、版本号、构建类型等信息。

DEBUG 这个常量需要着重介绍一下，一般在开发过程中都会输出日志进行调试，一般只有在我们自己开发中才会打印出日志，当我们发布后就不能打印日志了，也就是我们需要一个标记是 debug 模式还是 release 模式的开关，这就是 BuildConfig.DEBUG。在 debug 模式下它的值是 true，在 release 模式下它的值会自动变为 false。不用我们每次去改动这个值，Android Gradle 会帮我们自动生成修改，非常方便。

既然这个 BuildConfig 这么好用，我们是不是可以自己定义，新增一些常量，动态配置它们的值呢？答案是肯定的，对此 Android Gradle 提供了 buildConfigField(String type，String name，String value)让我们可以添加自己的常量到 BuildConfig 中，它的函数原型是：

```
/**
     * Adds a new field to the generated BuildConfig class.
     *
     * <p>The field is generated as: <code><type> <name> = <value>;</code>
     *
     * <p>This means each of these must have valid Java content. If the type is a
String, then the
     * value should include quotes.
     *
     * @param type the type of the field
     * @param name the name of the field
     * @param value the value of the field
     */
    public void buildConfigField(
            @NonNull String type,
            @NonNull String name,
            @NonNull String value) {
    }
```

第一个参数 type 是要生成字段的类型，第二个参数 name 是要生成字段的常量名字，第三个参数 value 是要生成字段的常量值。最终它们生成的字段格式如下：

```
<type> <name> = <value>;
```

现在我们用具体例子来演示它们的用法。假设我们有 Baidu 和 Google 两个渠道，发布的时候也会有这两个渠道包，当我们安装 Baidu 渠道包的时候打开的是 Baidu 的首页；当我们安装 Google 渠道包的时候，打开的是 Google 的首页。从这个思路分析，我们只需要添加一个字段 WEB_URL，在 Baidu 渠道下它的值是 http://www.baidu.com，在 Google 渠道下它的值是 http://www.google.com 即可：

```
android {
    compileSdkVersion 23
    buildToolsVersion "23.0.1"

    defaultConfig {
        applicationId "org.flysnow.app.example96"
        minSdkVersion 14
        targetSdkVersion 23
        versionCode 1
        versionName '1.0.0'
    }

    productFlavors {
        google {
            buildConfigField 'String','WEB_URL','"http://www.google.com"'
        }
        baidu {
            buildConfigField 'String','WEB_URL','"http://www.baidu.com"'
        }
    }
}
```

看上面的示例代码，我们定义 Baidu 和 Google 两个渠道，并分别为它们生成了相应的 BuildConfig 常量字段，看我们的 BuildConfig 类，已经生成了这个常量了：

```
// Fields from product flavor: baidu
public static final String WEB_URL = "http://www.baidu.com";
```

然后我们在代码中使用这个 WEB_URL 常量即可，在打包的时候，Android Gradle 会帮我们自动生成不同的值。这里需要注意的是，value 这个参数，是单引号中间的部分。尤其对于 String 类型的值，里面的双引号一定不能省略，不然就会生成如下这样，报编译错误：

```
// Fields from product flavor: baidu
public static final String WEB_URL = http://www.baidu.com;
```

value 的值是什么就写什么，要原封不动地放在单引号里。

以上我们讲的都是渠道（ProductFlavor）。其实不光渠道可以配置自定义字段，构建类型（BuildType）也可以配置，比如针对 debug、release 甚至其他构建类型来自定义配置，构建类型一旦配置，那么所有渠道的这个构建类型都会有这个常量字段可以使用。它的使用方法和渠道的一样，只不过是配置在 BuildType 里，这里就不举例子了，类似于：

```
android {
    buildTypes {
        debug {
            buildConfigField 'String','NAME','"value"'
        }
    }
}
```

自定义 BuildConfig 非常灵活，可以根据不同的渠道，不同的构建类型来灵活配置你的 App。

9.7 动态添加自定义的资源

在我们开发 Android 的过程中，我们会用到很多资源，有图片、动画、字符串等，这些资源我们可以在我们的 res 文件夹里定义，然后在工程里引用即可使用。这里我们讲的自定义资源，是专门针对 res/values 类型资源的，它们不光可以在 res/values 文件夹里使用 xml 的方式定义，还可以在我们的 Android Gradle 中定义，这大大增加了构建的灵活性。

实现这一功能的正是 resValue 方法，它在 BuildType 和 ProductFlavor 这两个对象中都存在，也就是说我们可以分别针对不同的渠道，或者不同的构建类型来自定义其特有的资源。以 ProductFlavor 中的 resValue 方法为例，我们先看一下它的源码实现：

```
/**
 * Adds a new generated resource.
 *
 * <p>This is equivalent to specifying a resource in res/values.
 *
 * <p>See <a href="http://developer.android.com/guide/topics/resources/available-
resources.html">Resource Types</a>.
 *
 * @param type the type of the resource
```

```
 * @param name the name of the resource
 * @param value the value of the resource
 */
public void resValue(
        @NonNull String type,
        @NonNull String name,
        @NonNull String value) {
    ClassField alreadyPresent = getResValues().get(name);
    if (alreadyPresent != null) {
        String flavorName = getName();
        if (BuilderConstants.MAIN.equals(flavorName)) {
            logger.info(
                    "DefaultConfig: resValue '{}' value is being replaced: {} -> {}",
                    name, alreadyPresent.getValue(), value);
        } else {
            logger.info(
                    "ProductFlavor({}): resValue '{}' value is being replaced: {} ->
{}",
                    flavorName, name, alreadyPresent.getValue(), value);
        }
    }
    addResValue(AndroidBuilder.createClassField(type, name, value));
}
```

从其文档注释中可以看到，它会添加生成一个资源，其效果和在 res/values 文件中定义一个资源是等价的。

resValue 方法有 3 个参数：第一个是 type，也就是你要定义资源的类型，比如有 string、id、bool 等；第二个是 name，也就是你要定义资源的名称，以便我们在工程中引用它；第三个是 value，就是你要定义资源的值：

```
android {
    compileSdkVersion 23
    buildToolsVersion "23.0.1"
    productFlavors {
        google {
            resValue 'string','channel_tips','google 渠道欢迎你'
        }
        baidu {
            resValue 'string','channel_tips','baidu 渠道欢迎你'
        }
    }
}
```

如上示例代码，我们定义了 Baidu 和 Google 这两个渠道，然后使用 resValue 为它们分别定义了不同 value 的 string 类型的渠道欢迎词。这样我们在工程中引用它们，当我们分别运行 Baidu 和 Google 这两个不同的渠道包时，就会显示相应的欢迎词。

当我们使用 resValue 方法时，Android Gradle 帮我们生成的资源在哪里呢？其实都在我们的工程中。以 Baidu 为例，debug 模式下，在 build/generated/res/resValues/baidu/debug/values/generated.xml 这个文件中，我们看一下生成的这个文件：

```
<?xml version="1.0" encoding="utf-8"?>
<resources>

    <!-- Automatically generated file. DO NOT MODIFY -->

    <!-- Values from product flavor: baidu -->
    <string name="channel_tips" translatable="false">baidu 渠道欢迎你</string>

</resources>
```

有没有发现，和我们在 res/values 这个文件夹里定义的 xml 文件的格式是一样的，只不过我们通过 Gradle 配置，Android Gradle 帮我们自动做到了，这样我们控制 Android Gradle 构建的时候更灵活。如果没有这项功能，在 res/values 里配置就不太方便了。

以上示例演示的是 string 这个类型，你也可以使用 id、bool、dimen、integer、color 等这些类型来自定义 values 资源。总之这个 resValue 方法和我们上一节中讲的 buildConfigField 方法非常相似，记得它也可以在 BuildType 中使用。

9.8 Java 编译选项

有时候需要对我们的 Java 源文件的编码、源文件使用的 JDK 版本等进行调优修改。比如需要配置源文件的编码为 UTF-8 的编码，以兼容更多的字符；还比如我们想配置编译 Java 源代码的级别为 1.6，这样就可以使用 Override 接口方法的继承等特性。为此 Android Gradle 提供了一个非常便捷的入口来让我们做这些配置：

```
android {
    compileSdkVersion 23
    buildToolsVersion "23.0.1"
```

```
    compileOptions {
        encoding = 'utf-8'
        sourceCompatibility = JavaVersion.VERSION_1_6
        targetCompatibility = JavaVersion.VERSION_1_6
    }
}
```

Android 对象提供了一个 compileOptions 方法，它接受一个 CompileOptions 类型的闭包作为参数，来对 Java 编译选项进行配置：

```
/**
 * Configures compile options.
 */
public void compileOptions(Action<CompileOptions> action) {
    checkWritability();
    action.execute(compileOptions);
}
```

CompileOptions 是编译配置，它提供了 3 个属性，分别是 encoding、sourceCompatibility、targetCompatibility，通过对它们进行设置来配置 Java 相关的编译选项。

sourceCompatibility 是配置 Java 源代码的编译级别，比如 1.5、1.6 这样的。它的 setter 方法原型为：

```
/**
 * Language level of the source code.
 */
public void setSourceCompatibility(@NonNull Object sourceCompatibility) {
    this.sourceCompatibility = convert(sourceCompatibility);
}
```

从程序中我们可以看到，它接受的参数是一个 Object，然后内部实现对其做了转换。我们接着看 convert 这个方法：

```
/**
 * Convert all possible supported way of specifying a Java version to {@link JavaVersion}
 * @param version the user provided java version.
 * @return {@link JavaVersion}
 * @throws RuntimeException if it cannot be converted.
 */
@NonNull
private static JavaVersion convert(@NonNull Object version) {
    // for backward version reasons, we support setting strings like 'Version_1_6'
```

```
    if (version instanceof String) {
        final String versionString = (String) version;
        if (versionString.toUpperCase(Locale.ENGLISH).startsWith(VERSION_PREFIX)) {
            version = versionString.substring(VERSION_PREFIX.length()).replace('_', '
.');
        }
    }
    return JavaVersion.toVersion(version);
}
```

从文档注释中我们可以看到，它会尽可能把所有支持的值转换成一个 JavaVersion 对象。下面我们直接列出其可用的值：1. "1.6"，2. 1.6，3. JavaVersion.Version_1_6，4. "Version_1_6"。

以上列出的这些格式都可以使用，你可以根据自己的喜好选择。

targetCompatibility 是配置生成的 Java 字节码的版本，其可选值和 sourceCompatibility 一样，这里就不进行演示和讲解了。

9.9 adb 操作选项配置

adb，相信大家都非常熟悉了，它是一个 Android Debug Bridge，用于连接我们的 Android 手机进行一些操作，比如调试 apk、安装 apk、复制文件到手机等。在 Shell 中我们可以通过输入 adb 来查看其功能和使用说明，在 Android Gradle 中，也为我们预留了对 adb 的一些选项的控制配置，它就是 adbOptions{}闭包，它和 compileOptions 一样也是 Android 的一个方法：

```
/**
 * Configures adb options.
 */
public void adbOptions(Action<AdbOptions> action) {
    checkWritability();
    action.execute(adbOptions);
}
```

由原型方法可以看到，这是一个 AdbOptions 类型的闭包，我们所有可以使用的 adb 配置选项都在 AdbOptions 定义好了，所以有什么可以使用的，只需要看一下这个 AdbOptions 类的实现即可。

在讲它的使用之前我们先讲一下其大概的原理。我们知道 adb 这个命令，它可以帮助我们连接 Android 手机，对于 Android Gradle 这个插件，它也不例外，比如运行调试的时候，Android

Gradle 插件的底层还是调用的 adb 命令，Android Gradle 只不过在其之上做了一些包装，有兴趣的读者可以看 Android Gradle 源代码。既然做了包装，那么我们的 AdbOptions 配置就有作用了，在 Android Gradle 的脚本中，可以通过 adbOptions{}闭包对 adb 的选项进行配置，然后实例化收集到Android对象中的一个AdbOptions类型的变量adbOptions中。最后Android Gradle调用 adb 命令的时候，把这些配置作为 adb 命令的参数传递给 adb 即可，这就是 AdbOptions 的原理。基本上所有的 Gradle 和 Shell 命令的配合都是这么做的。

讲完了大概的原理，我们看一下 AdbOptions 有哪些项可供我们配置的。我们来看一下这个类的源码：

```
/**
 * Options for the adb tool.
 */
public class AdbOptions implements com.android.builder.model.AdbOptions {

    int timeOutInMs;

    List<String> installOptions;

    /**
     * Returns the time out used for all adb operations.
     * @return the time out in milliseconds.
     */
    @Override
    public int getTimeOutInMs() {
        return timeOutInMs;
    }

    public void setTimeOutInMs(int timeOutInMs) {
        this.timeOutInMs = timeOutInMs;
    }

    public void timeOutInMs(int timeOutInMs) {
        setTimeOutInMs(timeOutInMs);
    }

    /**
     * Returns the list of APK installation options.
     */
    @Override
    public Collection<String> getInstallOptions() {
        return installOptions;
    }
```

```
    public void setInstallOptions(String option) {
        installOptions = ImmutableList.of(option);
    }

    public void setInstallOptions(String... options) {
        installOptions = ImmutableList.copyOf(options);
    }

    public void installOptions(String option) {
        installOptions = ImmutableList.of(option);
    }

    public void installOptions(String... options) {
        installOptions = ImmutableList.copyOf(options);
    }
}
```

我比较喜欢看源码，这样对原理能了解得更清楚。以这个 AdbOptions 为例，如果你看官方的 Android Gradle DSL 文档，只能看到 AdbOptions 的两个属性：installOptions 和 timeOutInMs。然后你就会很当然地以属性的方式对它们进行设值。但是从源代码中我们可以看到，不仅可以通过属性的方式进行设值，还可以方法的方式进行设值，因为这里有 3 个和其属性名一样的方法：

```
public void timeOutInMs(int timeOutInMs) {
    setTimeOutInMs(timeOutInMs);
}

public void installOptions(String option) {
    installOptions = ImmutableList.of(option);
}

public void installOptions(String... options) {
    installOptions = ImmutableList.copyOf(options);
}
```

下面我们演示一下它的使用以及这两个配置项的含义：

```
android {
    compileSdkVersion 23
    buildToolsVersion "23.0.1"

    adbOptions {
        timeOutInMs = 5*1000//秒
        installOptions '-r','-s'
```

```
    }
}
```

示例中采用两种写法进行了演示，第一种对 timeOutInMs 的设置采用属性的方式，第二种对 installOptions 的设置采用方法的方式，让大家对这两种设置方式都有了解，这样你就可以根据自己的喜好进行选择。我本人喜欢方法的方式，简洁，可读性强。

timeOutInMs，从其名字就可以看出来，它是设置超时时间的，单位是毫秒，这个超时时间是执行 adb 这个命令的超时时间。有时候我们安装、运行或者调试程序的时候，可能会遇到 CommandRejectException 这样的异常，这个一般是当我们执行一个命令的时候，在规定的时间内没有返回应有的结果，这时候我们可以通过把超时时间设置长一些来解决，也就是多等一会，多等一会可能就有相应结果了。如果你经常遇到这类异常，可以把 adb 的超时时间设置长一些，就是通过 timeOutInMs 来设置，记住它的单位是毫秒。

installOptions，从其名字也能看出来，（我们自己在编码中，养成好的习惯，命名要通俗易懂，合理规范）它是用来设置 adb install 安装这个操作的设置项的。比如我们是要安装到 SD 上，还是要替换安装等。我们从 adb 命令中看一下它的功能说明。

```
adb install [-lrtsdg] <file>
                              - push this package file to the device and install it
                                (-l: forward lock application)
                                (-r: replace existing application)
                                (-t: allow test packages)
                                (-s: install application on sdcard)
                                (-d: allow version code downgrade)
                                (-g: grant all runtime permissions)
```

adb install 有 l、r、t、s、d、g 六个选项。-l：锁定该应用程序。-r：替换已存在的应用程序，也就是我们说的强制安装。-t：允许测试包。-s：把应用程序安装到 SD 卡上。-d：允许进行降级安装，也就是安装的程序比手机上带的版本低。-g：为该应用授予所有运行时的权限。

以上就是安装的 6 个选项的含义，我们可以根据自己的需求进行设置。

adb 选项中超时设置用的比较多，安装设置只有在特殊情况下使用，默认的设置现在基本上够用。

9.10 DEX 选项配置

我们都知道，Android 中的 Java 源代码被编译成 class 字节码后，在打包成 apk 的时候又被 dx 命令优化成 Android 虚拟机可执行的 DEX 文件。DEX 文件比较紧凑，Android 费尽心思做了这个 DEX 格式，就是为了能使我们的程序在 Android 平台上运行快一些。对于这些生成 DEX 文件的过程和处理，Android Gradle 插件都帮我们处理好了，Android Gradle 插件会调用 SDK 中的 dx 命令进行处理。但是有的时候可能会遇到提示内存不足的错误，大致提示异常是 java.lang.OutOfMemoryError: GC overhead limit exceeded，为什么会提示内存不足呢？其实这个 dx 命令只是一个脚本，它调用的还是 Java 编写的 dx.jar 库，是 Java 程序处理的，所以当内存不足的时候，我们会看到这个 Java 异常信息。默认情况下给 dx 分配的内存是一个 G8，也就是 1024MB：

```
#!/bin/bash
#
# Copyright (C) 2007 The Android Open Source Project
#
# Licensed under the Apache License, Version 2.0 (the "License");
# you may not use this file except in compliance with the License.
# You may obtain a copy of the License at
#
#     http://www.apache.org/licenses/LICENSE-2.0
#
# Unless required by applicable law or agreed to in writing, software
# distributed under the License is distributed on an "AS IS" BASIS,
# WITHOUT WARRANTIES OR CONDITIONS OF ANY KIND, either express or implied.
# See the License for the specific language governing permissions and
# limitations under the License.

# Set up prog to be the path of this script, including following symlinks,
# and set up progdir to be the fully-qualified pathname of its directory.
prog="$0"
while [ -h "${prog}" ]; do
    newProg=`/bin/ls -ld "${prog}"`
    newProg=`expr "${newProg}" : ".* -> \(.*\)$"`
    if expr "x${newProg}" : 'x/' >/dev/null; then
        prog="${newProg}"
    else
        progdir=`dirname "${prog}"`
        prog="${progdir}/${newProg}"
    fi
done
oldwd=`pwd`
progdir=`dirname "${prog}"`
cd "${progdir}"
progdir=`pwd`
```

```
prog="${progdir}"/`basename "${prog}"`
cd "${oldwd}"

jarfile=dx.jar
libdir="$progdir"

if [ ! -r "$libdir/$jarfile" ]; then
    # set dx.jar location for the SDK case
    libdir="$libdir/lib"
fi


if [ ! -r "$libdir/$jarfile" ]; then
    # set dx.jar location for the Android tree case
    libdir=`dirname "$progdir"`/framework
fi

if [ ! -r "$libdir/$jarfile" ]; then
    echo `basename "$prog"`": can't find $jarfile"
    exit 1
fi

# By default, give dx a max heap size of 1 gig. This can be overridden
# by using a "-J" option (see below).
defaultMx="-Xmx1024M"

# The following will extract any initial parameters of the form
# "-J<stuff>" from the command line and pass them to the Java
# invocation (instead of to dx). This makes it possible for you to add
# a command-line parameter such as "-JXmx256M" in your scripts, for
# example. "java" (with no args) and "java -X" give a summary of
# available options.

javaOpts=""

while expr "x$1" : 'x-J' >/dev/null; do
    opt=`expr "x$1" : 'x-J\(.*\)'`
    javaOpts="${javaOpts} -${opt}"
    if expr "x${opt}" : "xXmx[0-9]" >/dev/null; then
        defaultMx="no"
    fi
    shift
done

if [ "${defaultMx}" != "no" ]; then
```

```
    javaOpts="${javaOpts} ${defaultMx}"
fi

if [ "$OSTYPE" = "cygwin" ]; then
    # For Cygwin, convert the jarfile path into native Windows style.
    jarpath=`cygpath -w "$libdir/$jarfile"`
else
    jarpath="$libdir/$jarfile"
fi

exec java $javaOpts -jar "$jarpath" "$@"
```

以上就是 dx 命令的 Shell 脚本，熟悉的读者应该不会陌生，很容易看懂。从程序中我们注意到，默认内存是 1024MB，但是我们也可以通过-J 参数配置：

```
# By default, give dx a max heap size of 1 gig. This can be overridden
# by using a "-J" option (see below).
defaultMx="-Xmx1024M"
```

现在我们了解了原理，也知道通过-J 参数重新配置更大的内存就可以解决这个问题。但是在 Android Gradle 插件中怎么配置这个内存呢？和 adb 的选项设置一样，Android Gradle 插件提供了 dexOptions { }闭包，让我们可以对 dx 操作进行一些配置，也就是说为我们留了一个配置 dx 操作的入口，这是一个非常不错的方法。包括上几节我们讲的其他选项配置，这也可为我们定义自己的 Gradle 插件时，为插件使用者提供可配置项提供一个很好的思路。

dexOptions{}是一个 DexOptions 类型的闭包，它的配置都是由 DexOptions 提供的，现在我们看一下 DexOptions 都有哪些可配置项：

```
package com.android.builder.core;

import com.android.annotations.Nullable;

public interface DexOptions {

    boolean getIncremental();
    boolean getPreDexLibraries();
    boolean getJumboMode();
    @Nullable
    String getJavaMaxHeapSize();
    @Nullable
    Integer getThreadCount();
}
```

从其源代码的接口方法里我们可以看到，它提供了 5 个可供配置的项。从其方法命名中我们可以大概猜出它们是做什么的，比如 javaMaxHeapSize 就是配置调用 dx 命令时，分配的最大堆内存的。下面我们就逐一详细介绍它们。

incremental 属性，这是一个 boolean 类型的属性，用来配置是否启用 dx 的增量模式，默认值为 false，表示不启用。增量模式虽然速度更快一些，但是目前还有很多限制，也可能会不工作，所以要慎用，要启用设置 incremental 为 true 即可：

```
android {
    compileSdkVersion 23
    buildToolsVersion "23.0.1"

    dexOptions {
        incremental true
    }
}
```

javaMaxHeapSize 属性，上面我们已经讲了，它是配置执行 dx 命令时为其分配的最大堆内存，主要用来解决执行 dx 时内存不够用情况。它接受一个字符串格式的参数，比如 1024MB，代表 1GB。当然你也可以直接配置为 1GB，也是可以的，和 1024MB 效果一样：

```
android {
    compileSdkVersion 23
    buildToolsVersion "23.0.1"

    dexOptions {
        javaMaxHeapSize '4g'
    }
}
```

这里我配置 4GB，如果不够用你还可以再添加，前提是你的计算机有那么多内存够使用。

jumboMode 属性，boolean 类型，它可以用来配置是否开启 jumbo 模式。有时候我们的程序项目工程比较大，代码太多，函数超过了 65535 个，那么就需要强制开启 jumbo 模式才可以构建成功。下一节我们再详细讲解如何在 Android 5.0 系统以下版本突破 65535 方法的限制：

```
android {
    compileSdkVersion 23
    buildToolsVersion "23.0.1"

    dexOptions {
```

```
        jumboMode true
    }
}
```

preDexLibraries 属性，boolean 类型，用来配置是否预执行 dex Libraries 库工程，开启后会大大提高增量构建的速度，不过这可能会影响 clean 构建的速度。默认值为 true，是开启的。有时候我们需要关闭这个选项，比如我们需要使用 dx 的--multi-dex 选项生成多个 dex，这导致和库工程有冲突的时候，需要将该选项设置为 false。

threadCount 属性，它是 integer 类型，用来配置 Android Gradle 运行 dx 命令时使用的线程数量，适当的线程数量可以提高 dx 的效率：

```
android {
    compileSdkVersion 23
    buildToolsVersion "23.0.1"

    dexOptions {
        threadCount 2
    }
}
```

以上程序就是关于 Dex 选项设置的 5 个可以配置选项，我们可以根据具体项目中的需求来配置这些选项，达到项目构建的目的。

9.11 突破 65535 方法限制

随着业务越来越复杂，代码量会越来越多，尤其是大量集成第三方 Jar 库，在开发中就要遇到如下错误：

```
Conversion to Dalvik format failed:
Unable to execute dex: method ID not in [0, 0xffff]: 65536
```

有些 Android 的操作系统会遇到如下错误：

```
trouble writing output:
Too many field references: 131000; max is 65536.
You may try using --multi-dex option.
```

它们虽然提示的错误信息不一样，但是都是同一个问题。这个错误是告诉我们，整个 App 应用的方法超过了限制，为什么会这样呢？这要从 Android 中的虚拟机 Dalvik 说起。我们上一节也提到， Java 源文件都被打包成了一个 DEX 文件，这个文件就是优化过的、Dalvik 虚拟机可执行的文件，Dalvik 虚拟机在执行 DEX 文件的时候，它使用了 short 这个类型来索引 DEX 文件中的方法，这就意味着单个 DEX 文件可以被定义的方法最多只能是 65535 个，当我们定义的方法超过这个数量时，就会出现如上的错误提示信息。

那么如何来解决这个问题呢？我们注意到单个 DEX 文件的方法超过 65535 个出错，那么我们解决的办法就是生成多个 DEX 文件，使每个 DEX 文件的方法数量都没有超过 65535，这样就可以解决这个问题了。

Facebook 发展很快，他们的 Android App 中的方法很快就达到了这个限制，他们的解决办法是采用打补丁的方式，有兴趣的读者可以参考一下 Facebook Dalvik 补丁。Android 开发者博客也有一篇通过自定义类的加载过程的文章来解决该问题，有兴趣的读者也可以参考一下，虽然它们有点复杂，但是在当时来说是不错的解决办法，并且可以了解一些类加载、Dalvik 虚拟机等技术。

随着出现该问题的 App 越来越多，Android 官方终于给出了解决该问题的方法，这个就是 Multidex。对于 Android 5.0 之后的版本，使用了 ART 的运行时方式，可以天然支持 App 有多个 DEX 文件。ART 在安装 App 的时候执行预编译，把多个 DEX 文件合并成一个 oat 文件执行。对于 Android 5.0 之前的版本，Dalvik 虚拟机限制每个 App 只能有一个 class.dex，要使用它们，就得使用 Android 为我们提供的 Multidex 库，下面就重点讲解针对 Android 5.0 之前的版本的处理。

首先需要升级 Android Build Tools 和 Android Support Repository 到 21.1，这是支持这个 Multidex 功能的最低支持版本，目前我们升级到最新即可。

要在我们的项目中使用 Multidex，首先要修改 Gradle build 配置文件，启用 Multidex，并同时配置 Multidex 需要的 Jar 依赖：

```
android {
    compileSdkVersion 23
    buildToolsVersion "23.0.1"

    defaultConfig {
        applicationId "org.flysnow.app.example911"
        minSdkVersion 14
        targetSdkVersion 23
        versionCode 1
        versionName '1.0.0'
```

```
        //启用 multidex
        multiDexEnabled true
    }
}
dependencies {
    compile fileTree(dir: 'libs', include: ['*.jar'])
    compile 'com.android.support:multidex:1.0.1'
}
```

上述示例中我们通过 multiDexEnabled 配置来决定是否启动 Multidex，这是一个 boolean 类型的属性，我们可以在 defaultConfig、buildType 或者 productFlavor 这些闭包块里使用，以达到我们根据自己的业务，分别配置的目的。

配置好之后，这只完成了一半，开启了 Multidex，会让我们的方法多于 65535 个的时候生成多个 DEX 文件，其名字为 classes.dex,classes(...n).dex 这样的样式。但是对于 Android 5.0 之前系统的虚拟机，它只认识一个 DEX，其名字还得是 classes.dex，所以要想达到程序可以正常运行的目的，也要让虚拟机把其他几个生成的 classes 加载进来。要想做到这一步，必须在 App 程序启动的入口控制，这个入口就是 Application。

Multidex 提供了现成的 Application，其名字是 MultiDexApplication，如果我们没有自定义的 Application 的话，直接使用 MultiDexApplication 即可，在 Manifest 清单中配置如下：

```
<?xml version="1.0" encoding="utf-8"?>
<manifest xmlns:android="http://schemas.android.com/apk/res/android"
    package="org.flysnow.app.example911">
    <application
        ...
        android:name="android.support.multidex.MultiDexApplication">
        ...
    </application>
</manifest>
```

如果有自定义的 Application，并且是直接继承自 Application，那么只需要把继承改为我们的 MultiDexApplication 即可。

如果你的自定义的 Application 是继承其他第三方提供的 Application，就不能改变继承了，这时候我们通过重写 attachBaseContext 方法实现：

```
package org.flysnow.app.example911;

import android.app.Application;
import android.content.Context;
```

```
import android.support.multidex.MultiDex;

/**
 * @author 飞雪无情
 * @since 16-3-30 下午 11:42
 */
public class Example911Application extends Application{
    @Override
    protected void attachBaseContext(Context base) {
        super.attachBaseContext(base);
        MultiDex.install(this);

    }
}
```

我们在重写 attachBaseContext 方法的时候，调用 MultiDex.install(this)即可，和我们继承 MultiDexApplication 的效果是一样的，为什么呢？我们来看一下 MultiDexApplication 源代码的实现：

```
package android.support.multidex;


import android.app.Application;
import android.content.Context;
import android.support.multidex.MultiDex;


public class MultiDexApplication extends Application {
    public MultiDexApplication() {
    }

    protected void attachBaseContext(Context base) {
        super.attachBaseContext(base);
        MultiDex.install(this);
    }
}
```

从上述程序中可以看到，和我们猜测的一样，它也是通过重写 attachBaseContext 方法，及调用 MultiDex.install(this)方法实现的。

讲到这里，我们对 65535 的限制都解决完了。这时程序打包的时候，Android Gradle 会自动判断你的方法有没有超过 65535 个，如果没有，还是生成一个 classes.dex 文件；如果超过了，那么就会生成 1 个 classes.dex 文件，这个是入口主文件，然后还会生成若干个附属 DEX 文件，比如 classes2.dex、classes3.dex，打包系统会把它们一起打包到 apk 里发布。

虽然有了解决 65535 问题的办法，但是还是应该尽量避免我们工程中的方法超过 65535

个。要达到这个目的，首先不能滥用第三方库，因为你自己的代码一般不会有很多，如果要引用，最好也要自己进行精简。精简之后，还要使用 ProGuard 减小 DEX 的大小，因为 DEX 安装到机器上的过程比较复杂，尤其是有第二个 DEX 文件并且过大的时候，可能会造成 ANR 异常。还有，因为 Dalvik linearAlloc 的限制，尤其在 Android 2.2 和 2.3 版本上，只有 5MB，到 Android 4.0 的时候升级到 8MB 了，所以在低于 4.0 的系统上 dexopt 的时候可能会崩溃。

到了这里我们这一节要结束了，有兴趣的读者可以看一下 MultiDex 的实现原理，尤其是加载 classes2.dex、classes3.dex 等这几段程序，可以帮助我们理解动态加载 DEX 文件原理。最后提出一些其他解决的办法，如较为复杂的 65535 方法限制的解决办法——插件化。

插件化可以参考几个不错的开源工程：https://github.com/singwhatiwanna/dynamic-load-apk, https://github.com/DroidPluginTeam/DroidPlugin, https://github.com/alibaba/AndFix, https://github.com/wequick/Small。

9.12 自动清理未使用的资源

随着软件工程越来越大，功能越来越多，参与的开发人员越来越多，代码会越来越复杂，不可避免地会产生一些不再使用的资源，这类资源如果没有清理的话，会增加 apk 的包大小，也会增加构建的时间。

要清理这些无用的资源，第一个办法是在开发的过程中，把不再使用的资源清理掉，这个靠开发人员的自觉以及对程序代码逻辑的了解程度，而且清理成本也比较大。第二个办法是使用 Android Lint，它会帮我们检测出哪些资源没有被使用，然后按照检测出来的列表清理即可，这种办法需要隔一段时间就要清理一次，不然就可能会有无用的资源遗留，做不到及时性。以上两个方式还有一个不能解决的问题，就是第三方库里的资源的问题。如果你引用的第三方库里也含有无用的资源，那么这两种办法都不能做到清理它们，因为它们被打包在第三方库里，没有办法做删除。

针对以上情况，Android Gradle 为我们提供了在构建打包时自动清理掉未使用资源的方法，这个就是 Resource Shrinking。它是一种在构建时，打包成 apk 之前，会检测所有资源，看看是否被引用，如果没有，那么这些资源就不会被打包到 apk 包中，因为是在这个过程中（构建时），Android Gradle 构建系统会拿到所有的资源，不管是你项目自己的，还是引用的第三方的，它都一视同仁地处理，所以这个时机点可以控制哪些资源可以被打包，能解决第三方不使用的资源取消的问题。我们常用的 Google Play Service，这是一个比较大的库，它支持很多 Google 的服务，比如 Google Drive、Google Sign In 等。如果在你的应用中只使用了 Google Drive 这个服务，并没有使用到 Google Sign In 服务，那么在构建打包的时候，会自动处理与 Google Sign In 功能相关的无用资源图片。

Resource Shrinking 要结合着 Code Shrinking 一起使用，什么是 Code Shrinking 呢？就是我们开发中经常使用的 ProGuard，也就是我们要启用 minifyEnabled，是为了缩减代码的。我们上面已经讲了，自动清理未使用的资源的原理很简单，就是判断有没有用到这些资源，如果你的代码还在使用，那么自然不会被清理，所以要和代码清理结合使用。先清理掉无用的代码，这样一些无用的代码引用的资源才能被清理掉。那么如何配置使用呢？看下面的示例，下面的 Gradle 配置来启用 Resource Shrinking：

```
android {
    compileSdkVersion 23
    buildToolsVersion "23.0.1"

    buildTypes {
        release {
            minifyEnabled true
            shrinkResources true
            proguardFiles getDefaultProguardFile('proguard-android.txt'), 'proguard-
            rules.pro'
        }
    }
}
```

启用 Resource Shrinking 是通过调用 BuildType 的 shrinkResources 来设置的，只要给这个方法传递一个 true 参数，就可以启用，默认情况下是不启用的：

```
/**
 * Whether shrinking of unused resources is enabled.
 *
 * Default is false;
 */
public void shrinkResources(boolean flag) {
    this.shrinkResources = flag;
}
```

当我们开启了 shrinkResources 后，打包构建的时候，Android Gradle 就会自动处理未使用的资源，不把它们打包到生成的 apk 中，可以在构建输出的日志中看到处理结果。以我们当前的示例代码为例，运行./gradlew :example912:assembleRelease 就可以看到如下日志：

```
:example912:transformClassesWithDexForRelease
:example912:transformClassesWithShrinkResForRelease
```

```
Removed unused resources: Binary resource data reduced from 159KB to 29KB: Removed 81%
Note: If necessary, you can disable resource shrinking by adding
```

程序大小从 159kB 减少到 29kB，减少了 81%，效果非常显著。当然这是因为我演示用的示例，现实中可能不会减少这么多，但是减少一些程序量总是好的。

如果想看详细日志，想知道哪些资源被自动清理了，可以使用--info 标记，显示详细的 Gradle 信息，然后把自动清理资源的日志过滤出来即可。我们可以通过如下命令实现：

```
./gradlew clean :example912:assembleRelease --info | grep "unused resource"
```

运行后我们可以通过日志输出看到具体的哪些资源被清理了：

```
Skipped unused resource res/drawable/unused.jpg: 133399 bytes (replaced with small du
mmy file of size 0 bytes)
Removed unused resources: Binary resource data reduced from 159KB to 29KB: Removed 81%
```

自动清理未使用的资源这个功能虽好，但是有时候会误删有用的程序，为什么呢？因为我们在代码编写的时候，可能会使用反射去引用资源文件，尤其很多你引用的第三方库会这么做，这时候 Android Gradle 就区分不出来了，可能会误认为这些资源没有被使用。针对这种情况，Android Gradle 提供了 keep 方法来让我们配置哪些资源不被清理。

keep 方法使用非常简单，我们要新建一个 xml 文件来配置，这个文件是 res/raw/keep.xml，然后通过 tools:keep 属性来配置。这个 tools:keep 接受一个以逗号(,)分割的配置资源列表，并且支持星号(*)通配符。有没有觉得它和我们用 ProGuard 的配置文件是一样的，我们在 ProGuard 配置文件里配置保存一些不被混淆的类也是这么做的。此外，对于 res/raw/keep.xml 这个文件我们不用担心会影响程序的大小，Android Gradle 构建系统最终打包的时候会清理它，不会把它打包进 apk 中的，除非你在代码中通过 R.raw.keep 引用了它。

以下是 res/raw/keep.xml 示例，引用自 Android Tech Docs：

```
<?xml version="1.0" encoding="utf-8"?>
<resources xmlns:tools="http://schemas.android.com/tools"
    tools:keep="@layout/l_used*_c,@layout/l_used_a,@layout/l_used_b*"/>
```

keep.xml 还有一个属性是 tools:shrinkMode，用于配置自动清理资源的模式，默认是 safe，是安全的，这种情况下，Android Gradle 可以识别代码中类似于如下示例的引用：

```
getResources().getIdentifier("unused","drawable",getPackageName());
```

这类代码也被构建系统认为是使用了资源文件，不会被清理。如果把清理模式改为 strict，那么就没有办法识别了，这个资源会被认为没有被引用，也会被清理掉。

除了 shrinkResources 之外，Android Gradle 还为我们提供了一个 resConfigs，它属于 ProductFlavor 的一个方法，可以让我们配置哪些类型的资源才被打包到 apk 中，比如只有中文的资源，只有 hdpi 格式的图片等，这是非常重要的。比如我们引用的第三方库，特别是 Support Library 和 Google Play Services 这两个主要的大库，因为国际化的问题，它们都支持了几十种语言，但是对于我们的 App 来说，我们并不需要这么多语言的支持，比如我们只用中文的语言就可以了，其他的都不需要；比如我们支持 hdpi 格式的图片就好了，其他的都不需要，这时候就可以通过 resConfigs 方法来配置：

```
android {
    compileSdkVersion 23
    buildToolsVersion "23.0.1"

    defaultConfig {
        applicationId "org.flysnow.app.example912"
        minSdkVersion 14
        targetSdkVersion 23
        versionCode 1
        versionName '1.0.0'
        resConfigs 'zh'
    }
}
```

通过上述程序，就只保留了 zh 资源，其他非 zh 资源都不会被打包到 apk 文件中。

其实这个 resConfig 的配置有 3 种办法，一般常用的是 resConfigs 这个方法，因为可以同时指定多个配置。你也可以使用 resConfig（后面没有 s）来指定一个配置，它一次只能添加一个，如果要添加多个，要么调用多次，要么使用 resConfigs 方法。我们看一下它们的方法原型，了解它们的原理：

```
/**
 * Adds a resource configuration filter.
 *
 * <p>If a qualifier value is passed, then all other resources using a qualifier of
the same type
 * but of different value will be ignored from the final packaging of the APK.
 *
 * <p>For instance, specifying 'hdpi', will ignore all resources using mdpi, xhdpi,
etc...
```

```
 */
public void resConfig(@NonNull String config) {
    addResourceConfiguration(config);
}

/**
 * Adds several resource configuration filters.
 *
 * <p>If a qualifier value is passed, then all other resources using a qualifier of
the same type
 * but of different value will be ignored from the final packaging of the APK.
 *
 * <p>For instance, specifying 'hdpi', will ignore all resources using mdpi, xhdpi,
etc...
 */
public void resConfigs(@NonNull String... config) {
    addResourceConfigurations(config);
}

/**
 * Adds several resource configuration filters.
 *
 * <p>If a qualifier value is passed, then all other resources using a qualifier of
the same type
 * but of different value will be ignored from the final packaging of the APK.
 *
 * <p>For instance, specifying 'hdpi', will ignore all resources using mdpi, xhdpi,
etc...
 */
public void resConfigs(@NonNull Collection<String> config) {
    addResourceConfigurations(config);
```

resConfig 的使用非常广泛，它的参数就是我们在 Android 开发时的资源限定符，不止于我们上面描述的语言，还包括 Api Level、分辨率等，具体的可以参考 Android Doc 文档。

以上自动清理资源只是在打包的时候，不打包到 apk 中。实际上并没有删除工程中的资源。如果我们在使用的时候发现有大量的无用资源被清理，那么最好还是把这些资源文件从工程中删除，这样也好维护程序。

到这里这一章就结束了，这一章主要是介绍 Android Gradle 的一些高级使用，基本上都是现实项目中遇到的问题，整理出来让大家参考。读者可以根据自己的实际情况选择使用，也可以在这些方法的基础上发散自己的思维，摸索出其他的更适用于你项目的方法。

第 10 章　Android Gradle 多项目构建

Android 的多项目和其他基于 Gradle 构建的多项目差不多，比如 Java 多项目、Groovy 多项目，它们本身都是 Gradle 的多项目构建，唯一的区别是项目本身属性，比如这个项目是 Java 库，那个是 Android App 项目等。

这一章我们简单介绍 Android 不同类型的项目，它们如何设置，如何引用，以及库项目如何单独发布等。

10.1 Android 项目区别

Android 的项目一般分为库项目、应用项目、测试项目，Android Gradle 根据这些项目分别对应有 3 种插件，它们就是我们上面介绍的 com.android.library、com.android.application、com.android.test。

库项目一般和 Java 库非常相似，它比 Java 多的是一些 Android 特有的资源等配置。一般一些具有公用特性的类、资源等可以抽象成一个库工程，这样它们就可以被其他项目引用；还有一种情况，比如我们的工程非常复杂，我们可以根据业务，把工程分成一个个的库项目，然后通过一个主的应用项目引用它们，组合起来，就是我们最终的产品，一个复杂的 App 了。

应用项目，一般只有一个，它可以打包成我们可发布的 apk 包，如果工程太复杂，就像上面说的，它会引用很多的库项目，以便组成一个最终的 App 发布。应用项目有时也会有多个，比如我们发布了不同特色的 App，但是它们又是同类产品，比如 QQ 的标准版、轻聊版，它们是同类产品，只不过轻聊版更简洁，去除了很多冗余的功能，这时候就可以创建两个应用项目，让它们引用不同的库项目，然后再分别根据需求做出相应的调整，就可以生成两个不同的 App，满足不同人群的要求。

测试项目是我们为了对 App 进行测试而创建的，比如测试 Activity、Service、Application 等，它是 Android 基于 JUnit 提供的一种测试 Android 项目的框架方法，这让我们可以方便地对 Android App 进行测试，保证质量。

10.2 Android 多项目设置

多个项目的设置和 Gradle 的多项目是一样的，Android 也是基于 Gradle 的，所以项目其实是 Gradle 的概念，项目自身的特性才是每个领域的细分和定义，如 Android 项目、Java 项目等。

定义一个工程，包含很多项目，在 Gradle 中，项目的结构没有那么多的限制，不像我们用 Eclipse+Ant 构建的时候，路径都限制得很多，比如只能在根目录下等。在 Gradle 中就没有这么多限制，可以通过文件夹组织你不同的项目，最终只要在 settings.gradle 里配置好这些项目即可。比如如下的项目结构：

```
MyProject/
 + app/
 + libraries/
    + lib1/
    + lib2/
```

上面程序中一个 App 项目，两个库项目 lib1 和 lib2 都放在 libraries 文件夹下，也就是说这里有 3 个项目：

```
:app
:libraries:lib1
:libraries:lib2
```

其实严格地说应该是 4 个项目，还有一个根项目 MyProject。根项目会有一个 settings.gradle 配置文件，每个项目里都有一个 build.gradle 文件，所以它们的结构为：

```
MyProject/
 settings.gradle
 app/
    build.gradle
 libraries/
    lib1/
```

```
        build.gradle
    lib2/
        build.gradle
```

这就是一个完成的工程了，里面只要再加上一些 Java 文件、资源等，就可以编译运行了，我们看一下 settings.gradle 配置文件，也是非常简单：

```
include ':app', ':libraries:lib1', ':libraries:lib2'
```

就是指定这几个项目，有时候如果项目的路径太多，我们可以用如下方法指定配置：

```
include ':example912'
project(':example912').projectDir = new File(rootDir, 'chapter09/example912')
```

通过如上方法我们直接指定项目的目录即可。这样我们整个多项目配置的架子算是搭好了，增减项目可以模拟这个框架。

10.3 库项目引用和配置

多项目配置好之后，就要引用它们。尤其是库项目，不然我们多项目协作开发还有什么意义呢？一般引用的都是库项目，所以这里我们着重讲解库项目引用。

Android 库项目引用和 Gradle 的其他引用是一样的，都是通过 dependencies 实现：

```
dependencies { compile project(':libraries:lib1') }
```

这样就引用了这个 Lib 库项目，沿用了 Gradle 的依赖关系。关于 Gradle 依赖内容可以参考前面章节的知识。

需要特别说明的是，Android App 项目不光可以引用 Android Lib 项目，还可以引用 Java Lib 项目，这个就看我们的项目需求。Android Lib 是打包成一个 aar 包，Java Lib 是打包成一个 jar 包，如果包里面有资源，就是用 Android Lib，如果没有并且是纯 Java 的程序可以考虑 Java Lib。

引用 Android 库项目是引用的一个库项目发布出来的 aar 包，默认情况下，Android 库项目发布出来的包都是 release 版本的，当然可以通过配置来改变它，比如改成默认发布的，这就是 debug 版本的：

```
android {
    defaultPublishConfig "debug"
}
```

上述程序就改成发布的是 debug 版本的 aar 包了。我们可以通过如上方式配置不同的发布版本，只要配置的这个名字是合法存在的即可，也就是 Assemble 任务能够打包出来的 aar 包。比如配置了多个 flavor，那么发布的就可以针对不同的 flavor+buildtype 配置，比如：

```
android {
    defaultPublishConfig "flavor1Debug"
}
```

这样就发布了 flavor1Debug 这个 aar 包以供其他项目引用。

有读者可能要问了，如果想同时发布多个版本的 aar 包以供不同的项目引用怎么办？比如要做一个产品，它有不同的版本，但是都是一个产品，一个是专业版，另一个是标版，它们有一些区别，不光是在 App 项目里体现，在我们的库工程里也要体现（比如库工程里针对这两种版本的资源不一样），这时候我们需要针对不同的版本，引用不同的发布的 aar 包。这是可以做到的，默认情况下是不能同时发布多个 aar 包的，我们可以开启：

```
android {
    publishNonDefault true
}
```

上述程序就是告诉 Android Gradle 插件，我们这个库工程要同时发布不同的 aar 包，这时候 Android Gradle 就会生成多个 aar 包以供其他项目引用，下面看一下我们怎么分别引用它们：

```
dependencies {
    flavor1Compile project(path: ':lib1', configuration: 'flavor1Release')
    flavor2Compile project(path: ':lib1', configuration: 'flavor2Release')
}
```

看到这里大家明白了吧，对于 Lib 这个库项目，我们先配置成可以同时发布多个 aar 包，然后在其他引用工程里做如上示例的引用，比如 flavor1 这个渠道包就引用 flavor1 这个渠道对应的 lib1 库的 release aar 包；flavor2 这个渠道就引用 flavor2 这个渠道对应的 lib1 库的 release aar 包。

以上这些引用都是在项目里直接引用，下一节我们讲如何发布 aar 包到 Maven 中心库，以供其他项目引用。

10.4 库项目单独发布

项目直接依赖一般适用于关联比较紧密、不可复用的项目，对于这类项目我们可以直接基于源代码项目的依赖。有时候我们会有一些项目，可以被其他项目所复用，比如公共组件库。工具库等，这类就可以单独发布出去，被其他项目使用，就像我们引用 jcenter 上的类库一样方便。这一节我们就讲如何把库项目单独发布到自己的 Maven 中心库。

要搭建自己的 Maven 私服，推荐使用 Nexus Repository Manager，版本选择 2.xx，下载地址：http://www.sonatype.com/download-oss-sonatype。这里选择的是 2.12.1 版本，选择 nexus-2.12.1-01-bundle.tar.gz 包下载解压，然后找到 nexus-2.12.1-01\bin\jsw 这个目录，可以看到有很多以操作系统和 CPU 架构命名的文件夹，可以根据你的系统选择进入相应的文件夹运行 start-nexus 脚本即可启动 Nexus，启动之后，我们在浏览器里打开 http://localhost:8081/nexus/ 即可访问，注意看右上角有个 Log In 链接，单击可以登录管理 Nexus，默认的用户名是 admin，密码是 admin123。关于 Nexus 的搭建和使用，非常简单，大家可以用 Google 搜索相关文章阅读，很容易就会入门使用，这里不再多讲。

有了部署好的 Nexus Maven 中心库之后，就可以把我们的项目发布到中心库了。要想通过 Maven 发布，首先得在 build.gradle 中应用 Maven 插件：

```
apply plugin: 'com.android.library'
apply plugin: 'maven'
```

应用过 Maven 插件之后，我们需要配置 Maven 构建的三要素，它们分别是 group:artifact:version：

```
apply plugin: 'com.android.library'
apply plugin: 'maven'

version '1.0.0'
group 'org.flysnow.widget'
```

使用 group 和 version 比较方便，直接指定即可。应用 version 前还要理解一个概念，快照版本 SNAPSHOT，比如配置成 1.0.0-SNAPSHOT，这时候就会发布到 snapshot 中心库里，每次发布版本号不会变化，只会在版本号后按顺序号+1，比如 1.0.0-1、1.0.0-2、1.0.0-3 等。类似于这样的版本号，我们引用的时候版本号写成 1.0.0-SNAPSHOT 即可，Maven 会帮我们下载最新（序号最大的）的快照版本。这种方式适用于联调测试的时候，每次修复好测试的问题就发布一个快照版本，直到没有问题为止，然后再放出 release 版本，正式发布。

配置好 group 和 version 之后，我们来进行发布配置，比如发布到哪个 Maven 库，使用的用户名和密码是什么，发布什么格式的存档，它的 artifact 是什么等：

```
uploadArchives {
    repositories {
        mavenDeployer {
            repository(url: "http://localhost:8081/nexus/content/repositories/releases") {
                authentication(userName: "admin", password: "admin123")
            }
            snapshotRepository(url: "http://localhost:8081/nexus/content/repositories
/snapshots") {
                authentication(userName: "admin", password: "admin123")
            }
            pom.artifactId = "pullview"
            pom.packaging = 'aar'
        }
    }
}
```

如上程序所示，我们配置了 uploadArchives，指定对应的 mavenDeployer 配置，这里配置了两个发布的 Maven 库，一个是 release 版本的，另一个是 snapshot 版本的，并同时配置了它们的密码以及 URL。URL 是 Nexus Maven 提供的，可以打开 Nexus 网页版，单击右侧的 repositorys 菜单查看，里面配置了很多库，我们也可以新增一些自己的 repository。

发布到 Nexus Maven 库之后，就可以像引用 jcenter 中的类库一样引用它们，要使用它们，首先得配置我们的仓库，因为新增了一个自己的私有 Maven 库，这个使用要告诉 Gradle，不然它不知道这个私有 Maven 仓库的存在：

```
// Top-level build file where you can add configuration options common to all sub-
projects/modules.
buildscript {
    repositories {
        jcenter()
    }
    dependencies {
        classpath 'com.android.tools.build:gradle:1.5.0'
    }
}
```

```
allprojects {
    repositories {
        jcenter()
        maven {
            url 'http://localhost:8081/nexus/content/groups/releases'
        }
    }
}
```

这样配置后，就可以在依赖配置里引用刚发布的 aar 包：

```
dependencies {
    compile 'org.flysnow.widget:pullview:1.0.0'
}
```

刚刚我们讲了可以发布快照版本，那么如何引用呢？因为快照版本的仓库和 release 的不一样，所以还得要新增一个快照版本的仓库：

```
// Top-level build file where you can add configuration options common to all sub-
projects/modules.
buildscript {
    repositories {
        jcenter()
    }
    dependencies {
        classpath 'com.android.tools.build:gradle:1.5.0'
    }
}

allprojects {
    repositories {
        jcenter()
        maven {
            url 'http://localhost:8081/nexus/content/groups/releases'
        }
        maven {
            url 'http://localhost:8081/nexus/content/groups/snapshots'
        }
    }
}
```

引用的时候把 dependencies 依赖换成如下这样即可：

```
dependencies {
    compile 'org.flysnow.widget:pullview:1.0.0-SNAPSHOT'
}
```

这样解决了问题，但是会配置两个 Maven 库，而且它们非常相似，那么能不能用一个 Maven 库代替呢？答案是肯定的。Nexus Maven 为我们提供了一种 group 类型的 repository，这种类型的 repository 可以同时集成好几个 repository，把它们统一当成一个 group 来对外发布，比如 Nexus 内置的 public group，就包含了 release 和 snapshot，现在可以把 Maven 库的配置改为：

```
// Top-level build file where you can add configuration options common to all sub-
projects/modules.
buildscript {
    repositories {
        jcenter()
    }
    dependencies {
        classpath 'com.android.tools.build:gradle:1.5.0'
    }
}

allprojects {
    repositories {
        jcenter()
        maven {
            url 'http://localhost:8081/nexus/content/groups/public'
        }
    }
}
```

这样就方便简洁多了，你可以在 Nexus 里配置 public 这个分组所管理的 repository，可以增减它，看你的项目需求。也可以新建其他 group 类型的 repository 来用，比如根据公司的事业部来创建不同的 group，很好地分离开了不同权限、不同业务需求的 repository。

10.5 小结

有了前面几章的知识，这一章的理解简单得多，因为多项目其实就是不同项目的组合，前面我们已经讲解了针对单个项目的不同的配置。所以多项目要做的其实就是针对这些项目，采用 Gradle 的方式管理组合起来即可。

这一章比较重要的新知识点就是库项目的单独发布，发布到 Maven 中心库，学会了这个，发布到其他库，如 jcenter 库就非常简单了，它们的使用是类似的。只要在 jcenter 里注册好账号，得到发布的地址即可配置发布。

第11章 Android Gradle 多渠道构建

因为我们发布或者推广的渠道不同，就造成了 Android App 可能会有很多个，因为我们需要细分它们，才能针对不同的渠道做不同的处理，比如统计跟踪、是否升级、App 名字是否一致等。尤其在国内这个各种应用市场“百家争鸣”的时代，需要发布的 App 渠道甚至多达好几百个，而且各有各的特殊处理，所以这就更需要我们有一套自动满足多渠道构建的工具来解决这个问题。有了 Android Gradle 的 Flavor 后，我们就可以完美解决以上问题，并且可以实现批量自动化。这一章主要介绍多渠道构建的基本原理，然后使用 Flavor 和友盟这两个最常用的分析统计平台作为例子来演示多渠道构建；接着我们介绍 Flavor 的每个配置的用法，让大家可以根据需求定制自己的每个渠道；最后我们会介绍一种快速打包发布到上百个渠道的方法，以提高多渠道构建的效率。

11.1 多渠道构建的基本原理

在 Android Gradle 中，定义了一个叫 Build Variant 的概念，直译是构建变体，我喜欢叫它为构件——构建的产物(apk)。一个 Build Variant=Build Type+Product Flavor，Build Type 就是我们构建的类型，比如 release 和 debug；Product Flavor 就是我们构建的渠道，比如 Baidu、Google 等，它们加起来就是 baiduRelease、baiduDebug、googleRelease、googleDebug，共有这几种组合的构件产出。Product Flavor 也就是我们多渠道构建的基础，下面看看如何新增一个 Product Flavor：

```
android {
    compileSdkVersion 23
    buildToolsVersion "23.0.1"
    productFlavors {
```

```
        google {}
        baidu {}
    }
}
```

Android Gradle 为我们提供了 productFlavors 方法来添加不同的渠道，它接受域对象类型的 ProductFlavor 闭包作为其参数。前面章节我们在介绍 Build Type 的时候也介绍过域对象，所以我们可以为 productFlavors{}闭包添加很多的渠道，每一个都是一个 ProductFlavor 类型的渠道。在 NamedDomainObjectContainer 中的名字就是渠道名，比如 Baidu、Google 等。

```
/**
 * Configures product flavors.
 */
public void productFlavors(Action<? super NamedDomainObjectContainer<ProductFlavor>>
action) {
    checkWritability();
    action.execute(productFlavors);
}
```

以上的发布渠道配置之后，Android Gradle 就会生成很多 Task，基本上都是基于 Build Type+Product Flavor 的方式生成的，比如 assembleBaidu、assembleRelease、assembleBaiduRelease 等，assemble 开头的负责生成构件产物（apk），比如 assembleBaidu 运行之后会生成 Baidu 渠道的 release 和 debug 包；assembleRelease 运行后会生成所有渠道的 release 包；而 assembleBaiduRelease 运行后只会生成 Baidu 的 release 包。除了 assemble 系列的，还有 compile 系列的、install 系列的等，大家可以通过运行./gradlew tasks 来查看有哪些任务。除了生成的 Task 之外，每个 ProductFlavor 还可以有自己的 SourceSet，还可以有自己的 Dependencies 依赖，这意味着我们可以为每个渠道定义它们自己的资源、代码以及依赖的第三方库，这为我们自定义每个渠道提供很大的便利和灵活性，后面的 11.3 节的多渠道定制中会详细介绍这部分内容。

11.2 Flurry 多渠道和友盟多渠道构建

Flurry 和友盟是我们常用的两个 App 统计分析工具，基本上所有的软件都会接入其中的一个。Flurry 本身没有渠道的概念，它有 Application，所以可以把一个 Application 当成一个渠道，这样就可以使用 Flurry 统计每个渠道的活跃、新增等情况；友盟本身有渠道的概念，只要我们在 AndroidManifest.xml 配置标注即可，下面以这两种统计演示多渠道的用法。

Flurry 的统计是以 Application 划分渠道的，每个 Application 都有一个 Key，我们称为 Flurry

Key。这个当我们在 Flurry 上创建 Application 的时候就自动生成了，现在我们要做的就是为每个渠道配置不同的 Flurry Key。还记得我们在第 9 章讲的自定义 BuildConfig 吗，利用的就是这个功能：

```
android {
    compileSdkVersion 23
    buildToolsVersion "23.0.1"

    defaultConfig {
        applicationId "org.flysnow.app.example112"
        minSdkVersion 14
        targetSdkVersion 23
        versionCode 1
        versionName '1.0.0'
        resConfigs 'zh'
    }
    buildTypes {
        release {
            minifyEnabled true
            proguardFiles getDefaultProguardFile('proguard-android.txt'), 'proguard-
            rules.pro'
            zipAlignEnabled true
        }
    }
    productFlavors {
        google {
            buildConfigField 'String','FLURRY_KEY','"BHJKOUASDASFKLZL"'
        }
        baidu {
            buildConfigField 'String','FLURRY_KEY','"HJSDKHFJDSF23478"'
        }

    }
}
```

这样每个渠道的 BuildConfig 类中都会有名字为 FLURRY_KEY 常量定义，它的值是我们在渠道中使用 buildConfigField 指定的值，每个渠道都不一样，我们只需要在代码中使用这个常量即可，这样每个渠道的统计分析就可以做到了：

```
Flurry.init(this,FLURRY_KEY);
```

友盟本身有渠道的概念，不过它不是在代码中指定的，而是在 AndroidManifest.xml 中配置的，通过配置 meta-data 标签来设置：

```
<meta-data android:value="Channel ID" android:name="UMENG_CHANNEL"/>
```

示例中的 Channel ID 就是渠道值，比如 Baidu、Google 等。如果要动态改变渠道，就需要用到在 9.5 节讲到的 manifestPlaceholders，这一节就是以友盟的多渠道为例进行讲解的，大家可以再回过头来看一下，这里不再详细讲了。

现在通过这两个例子可以发现，我们所做的其实就是对每个渠道，根据不同的业务进行不同的定制。这里是两个统计分析，以后可能还有其他监控、推送等业务，在定制的过程中我们用到了 Android Gradle 提供的不同的配置以及功能，最终来达到我们的目的。所以下一节我们就详细讲一下对渠道（ProductFlavor）的定制，然后大家根据这些 Android Gradle 提供的对渠道定制的功能，来实现自己不同渠道的业务需求。

11.3 多渠道构建定制

多渠道的定制，其实就是对 Android Gradle 插件的 ProductFlavor 的配置，通过配置 ProductFlavor 达到灵活地控制每一个渠道的目的。

Flavor 这个单词比较有意思，看字面意思是气味、味道的意思。所以 ProductFlavor 也就是产品的气味或者味道，多种不同的产品味道，就是我们所说的多渠道了。

11.3.1 applicationId

它是 ProductFlavor 的属性，用于设置该渠道的包名，如果你的 App 想为该渠道设置特别的包名，可以使用 applicationId 这个属性进行设置。

```
android {
    compileSdkVersion 23
    buildToolsVersion "23.0.1"

    defaultConfig {
        applicationId "org.flysnow.app.example112"
        minSdkVersion 14
        targetSdkVersion 23
        versionCode 1
        versionName '1.0.0'
    }
    productFlavors {
```

```
        google {
            applicationId "org.flysnow.app.example112.google"
        }
    }
}
```

如上示例，就可以为 Google 这个渠道设置其特有的包名，这样打包的时候 Google 渠道使用的是 org.flysnow.app.example112.google 这个包名，而其他渠道使用的是 org.flysnow.app.example112 这个包名。看一下它的方法原型实现：

```
/**
 * Sets the application id.
 */
@NonNull
public ProductFlavor setApplicationId(String applicationId) {
    mApplicationId = applicationId;
    return this;
}
```

从程序中很明显可以看到是 setter 方法，接受一个字符串作为参数，作为该渠道的新包名。

11.3.2　consumerProguardFiles

既是一个属性，也有一个同名的方法，它只对 Android 库项目有用。当我们发布库项目生成一个 aar 包的时候，使用 consumerProguardFiles 配置的混淆文件列表也会被打包到 aar 里一起发布，这样当应用项目引用这个 aar 包，并且启用混淆的时候，会自动使用 aar 包里的混淆文件对 aar 包里的代码进行混淆，这样我们就不用对该 aar 包进行混淆配置了，因为它自带了：

```
android {
    productFlavors {
        google {
            consumerProguardFiles 'proguard-rules.pro','proguard-android.txt'
        }
    }
}
```

和我们前面讲的配置混淆是一样的方式，可以指定多个，使用逗号分开：

```
public void consumerProguardFiles(Object... proguardFileArray) {
```

```
    getConsumerProguardFiles().addAll(project.files(proguardFileArray).getFiles());
}

/**
 * Specifies a proguard rule file to be included in the published AAR.
 *
 * <p>This proguard rule file will then be used by any application project that
consume the AAR
 * (if proguard is enabled).
 *
 * <p>This allows AAR to specify shrinking or obfuscation exclude rules.
 *
 * <p>This is only valid for Library project. This is ignored in Application project.
 */
public void setConsumerProguardFiles(@NonNull Iterable<?> proguardFileIterable) {
    getConsumerProguardFiles().clear();
    for (Object proguardFile : proguardFileIterable) {
        getConsumerProguardFiles().add(project.file(proguardFile));
    }
}
```

从源代码中也可以看出有两种设置方式，一种是刚刚演示的方法，另外一种是属性设置，区别在于：consumerProguardFiles 方法是一直添加的，不会清空以前的混淆文件；而 consumerProguardFiles 属性配置的方式是每次都是新的混淆文件列表，以前配置的会先被清空。

11.3.3 manifestPlaceholders

这个属性已经在 9.5 节介绍过，这里不细讲，大家可以再看 9.5 节熟悉一下。

11.3.4 multiDexEnabled

这个属性用来启用多个 dex 的配置，主要用来突破 65535 方法的问题，大家可以参考 9.11 节的介绍，这里不再详细表述。

11.3.5 proguardFiles

混淆使用的文件配置，可以参考 8.3 节里关于混淆的讲解，这里不再详述。

11.3.6　signingConfig

签名配置，请参考 8.2 节配置签名信息的内容，这里不再详述。

11.3.7　testApplicationId

我们一般都会对 Android 进行单元测试，这个单元测试有自己的专门的 apk 测试包。testApplicationId 是用来适配测试包的包名，它的使用方法和我们前面介绍的 applicationId 一样。

```
android {
    compileSdkVersion 23
    buildToolsVersion "23.0.1"

    defaultConfig {
        applicationId "org.flysnow.app.example112"
        minSdkVersion 14
        targetSdkVersion 23
        versionCode 1
        versionName '1.0.0'
    }

    productFlavors {
        google {
            testApplicationId "org.flysnow.app.example112.test"
        }
    }
}
```

一般的 testApplicationId 的值为 App 的包名+.test，当然大家也可以设置其他的值：

```
/** Sets the test application ID. */
@NonNull
public ProductFlavor setTestApplicationId(String applicationId) {
    mTestApplicationId = applicationId;
    return this;
}
```

它是一个属性，自然也是有 setter 方法的，从源代码中可以看到，接受一个 String 类型的值作为参数。

11.3.8 testFunctionalTest 和 testHandleProfiling

也是和单元测试有关，Boolean 型属性，testFunctionalTest 表示是否为功能测试，testHandleProfiling 表示是否启用分析功能：

```
android {
    productFlavors {
        google {
            testFunctionalTest true
            testHandleProfiling true
        }
    }
}
```

Boolean 型，有 true 和 false 两个选择，示例表示功能测试并且启用了分析功能：

```
@Override
@Nullable
public Boolean getTestHandleProfiling() {
    return mTestHandleProfiling;
}

@NonNull
public ProductFlavor setTestHandleProfiling(boolean handleProfiling) {
    mTestHandleProfiling = handleProfiling;
    return this;
}

@Override
@Nullable
public Boolean getTestFunctionalTest() {
    return mTestFunctionalTest;
}

@NonNull
public ProductFlavor setTestFunctionalTest(boolean functionalTest) {
    mTestFunctionalTest = functionalTest;
    return this;
}
```

以上是这两个属性的源代码配置，它们主要用来控制测试包生成的 AndroidManifest.xml，因为它们最终的配置还要体现在 AndroidManifest.xml 文件中的 instrumentation 标签的配置上。

可以参考 http://developer.android.com/intl/zh-cn/guide/topics/manifest/instrumentation- element.html。

11.3.9　testInstrumentationRunner

用来配置运行测试使用的 Instrumentation Runner 的类名，是一个全路径的类名，而且必须是 android.app.Instrumentation 的子类。一般情况下，我们使用 android.test.InstrumentationTestRunner，当然也可以自定义，这根据自己的需求来决定：

```
android {
    productFlavors {
        google {
            testInstrumentationRunner 'android.test.InstrumentationTestRunner'
        }
    }
}
```

和其他的属性配置一样直接配置即可，接受一个字符串类型的参数，值为 android.app.Instrumentation 子类的全限定路径的类名。

11.3.10　testInstrumentationRunnerArguments

这个是配合着上一个属性用的，它用来配置 Instrumentation Runner 使用的参数，其实它们最终使用的都是 adb shell am instrument 这个命令。其中的参数就是我们使用-e 标记指定的那些，所以，这里使用 testInstrumentationRunnerArguments 参数都会被转换传递给 am instrument 这个命令使用，也就是转为-e key vlue 这种命令行的方式使用：

```
android {
    productFlavors {
        google {
            testInstrumentationRunnerArguments.put("coverage",'true');
        }
    }
}
```

我们可以使用示例中的方法指定很多个参数，从使用上我们也可以看出，它是一个 Map，和我们前面讲的 manifestPlaceholders 很相似。其他的一些参数配置可以参考 http://developer.android.com/ intl/zh-cn/tools/testing/testing_otheride.html：

```
/** Sets the test instrumentation runner custom arguments. */
```

```
@NonNull
public ProductFlavor setTestInstrumentationRunnerArguments(
        @NonNull Map<String, String> testInstrumentationRunnerArguments) {
    mTestInstrumentationRunnerArguments = checkNotNull(testInstrumentationRunnerArguments);
    return this;
}

@Override
@NonNull
public Map<String, String> getTestInstrumentationRunnerArguments() {
    return mTestInstrumentationRunnerArguments;
}
```

11.3.11　versionCode 和 versionName

配置渠道的版本号和版本名称，请参考 8.1.4 节和 8.1.5 节。

11.3.12　useJack

Boolean 类型的属性，用于标记是否启用 Jack 和 Jill 这个全新的、高性能的编译器。目前，我们使用的是常规的成熟的 Android 编译框架，这样有个问题，就是太慢。所以 Google 又搞了一个全新的、高性能的编译器，这个就是 Jack 和 Jill，目的就是简化编译的流程，提高编译的速度和性能。不过目前还处于实验阶段，有些特性还不支持，比如注解、JDK8 的特性等，大家可以自己测试，但是正式产品中还是不要使用。要启用 Jack 编译非常简单，只需要设置 useJack 为 true 即可，默认是 false：

```
android {
    productFlavors {
        google {
            useJack true
        }
    }
}
```

这样即可启用，上示例其实调用的是 useJack 这个方法，我们看一下它的源代码：

```
/**
 * Whether the experimental Jack toolchain should be used.
 *
 * <p>See <a href="http://tools.android.com/tech-docs/jackandjill">Jack and Jill</a>
```

```
 */
public void useJack(Boolean useJack) {
    setUseJack(useJack);
}
```

如果你想使用属性 setter 的方式，可以直接用“=”赋值：

```
android {
    productFlavors {
        google {
            useJack=true
        }
}
```

它们的结果是一样的，但是一般都是使用方法。对 Jack 和 Jill 这种编译方式有兴趣的话，可以参考 http://tools.android.com/tech-docs/jackandjill。

11.3.13　dimension

有时候，我们想基于不同的标准来构建 App，比如免费版还是收费版，×86 版还是 arm 版等。在不考虑 BuildType 的情况下，这里有 4 种组合：×86 的免费版、×86 的收费版、arm 的免费版、arm 的收费版。对于这种情况，我们有两种方式来构建，第一种是通俗的用法，就是配置 4 个 ProductFlavor，它们分别是×86free、×86paid、armfree、armpaid，然后针对这 4 个 ProductFlavor 配置，满足我们的需求即可。这种方式比较通俗易懂，但是有个问题，就是配置脚本的冗余，比如 free 的配置是有共性的，但是我们要在两个 free 里把共性的配置写两遍；同样×86 这类也是，脚本冗余了，而且每次改动都要一个个去修改，也很麻烦，而且现在才有两个维度，每个维度的可选项都不会有很多，我们还可以忍受，如果有很多种维度呢？每个维度又有很多可选项呢？下面我们来介绍第二种方法，通过 dimension 多维度的方式来解决这个问题。

dimension 是 ProductFlavor 的一个属性，接受一个字符串，作为该 ProductFlavor 的维度。其实可以简单理解为对 ProductFlavor 进行分组，比如 free 和 paid 可以认为它们都是属于版本（version），而×86 和 arm 是属于架构（abi），这样就把它们分成了两组。而 dimension 接受的参数就是我们分组的组名，也是维度名称。维度名称不是随便指定的，我们在使用它们之前，必须要先声明，这和 Java 的变量声明差不多，要先定义好才能使用，那么怎么定义呢，这个就是使用 Android 对象的 flavorDimensions 方法声明的。

flavorDimensions 是我们使用的 android{}里的方法，它和 productFlavors{}是平级的，一定要先使用 flavorDimensions 声明维度，才能在 ProductFlavor 中使用：

```
/**
 * Specifies names of flavor dimensions.
 *
 * <p>See <a href="http://tools.android.com/tech-docs/new-build-system/user-guide#TOC
-Multi-flavor-variants">Multi-flavor variants</a>.
 */
public void flavorDimensions(String... dimensions) {
    checkWritability();
    flavorDimensionList = Arrays.asList(dimensions);
}
```

该方法可以接受一个可变的字符串类型的参数，所以我们可以同时指定多个维度，但是一定要记住，这些维度是有顺序的，是有优先级的。第一个参数的优先级最大，其次是第二个，依此类推，所以声明之前一定要根据自己的需求指定好顺序：

```
android {
    defaultConfig {
        applicationId "org.flysnow.app.example113"
        minSdkVersion 14
        targetSdkVersion 23
        versionCode 1
        versionName '1.0.0'
    }

    flavorDimensions "abi", "version"
}
```

如上例子所示，最后生成的 variant（构建产物）会被如下几个 ProductFlavor 对象配置。

（1）Android 里的 defaultConfig 配置，我们前面讲过，它也是一个 ProductFlavor。

（2）abi 维度的 ProductFlavor，被 dimension 配置标记为 abi 的 ProductFlavor。

（3）version 维度的 ProductFlavor，被 dimension 配置标记为 version 的 ProductFlavor。

维度的优先级非常重要，因为高优先级的 flavor 会替换掉低优先级的资源、代码、配置等，在例子中，优先级为 abi>version>defaultConfig，因为 abi 的顺序在 version 之前。

声明了维度，我们就可以在 ProductFlavor 中使用它们了：

```
android {
    flavorDimensions "abi", "version"
    productFlavors {
```

```
        free {
            dimension 'version'
        }
        paid {
            dimension 'version'
        }
        x86 {
            dimension 'abi'
        }
        arm {
            dimension 'abi'
        }
    }
}
```

通过 dimension 指定 ProductFlavor 所属的维度，非常方便，剩下的事情交给 Android Gradle 即可，它会帮我们生成相应的 Task、SourceSet、Dependencies 等。以前我们讲一个构建产物(variant)=BuildType+ProductFlavor，现在 ProductFlavor 这个维度又被我们通过 dimension 细化分组，所以就多了一些维度，比如示例中的 abi 和 version，现在构建产物(variant)=BuildType+Abi+Version 了，所以会生成如下的 variant：

ArmFreeDebug；

ArmFreeRelease；

ArmPaidDebug；

ArmPaidRelease；

x86FreeDebug；

x86FreeRelease；

x86PaidDebug；

x86PaidRelease。

这种我们只用根据维度去分组、去配置，剩下的让 Android Gradle 帮我们组合可能产生结果的 variant，实现了共性配置，也就是模块化编程，维护起来也很方便。

这一节基本上介绍了所有的 ProductFlavor 的配置，很多因为前面介绍过，所以这里就略过了。除了上面列出的，还有一些方法配置，比如 resConfig、resValue、targetSdkVersion、maxSdkVersion、minSdkVersion 等，这些我们前面的章节都讲过，这里就不一一介绍了，它们主要集中在第 8 章和第 9 章。

11.4 提高多渠道构建的效率

我们生成多个渠道包，主要是因为想跟踪每个渠道的情况，比如新增、活跃、留存等。跟踪的工具一般是 Flurry 和友盟，所以除了根据渠道号来区分每个渠道外，大部分情况下，每个渠道并没有什么不同，它们唯一的区别是属于哪个渠道的。

对于这种情况，如果 Android Gradle 打包，几百个包的情况下会非常慢，因为它对每个渠道包都要执行构建的过程。但是我们的每个渠道包只是因为渠道号不同而已。为了打包效率，美团研究出了另外一个办法，利用了在 apk 的 META-INF 目录下添加空文件不用重新签名的原理，非常高效，其大概就是：1．利用 Android Gradle 打一个基本包（母包）；2．然后基于该包复制一个，文件名要能区分出产品、打包时间、版本、渠道等；3．然后对复制出来的 apk 文件进行修改，在其 META-INF 目录下新增空文件，但是空文件的文件名要有意义，必须包含能区分渠道的名字，如 mtchannel_google；4．重复步骤 2、步骤 3 生成我们所需的所有渠道包 apk，这个可以使用 Python 这类脚本来做；5．这样就生成了我们所有发布渠道的 apk 包了。

那么我们怎么使用呢？原理也非常简单，我们在 apk 启动（Application onCreate）的时候，读取我们写 apk 中 META-INF 目录下的前缀为 mtchannel_文件，如果找到的话，把文件名取出来，然后就可以得到渠道标识（Google）了，这里举一个美团实现的代码，大家可以参考一下：

```
public static String getChannel(Context context) {
        ApplicationInfo appinfo = context.getApplicationInfo();
        String sourceDir = appinfo.sourceDir;
        String ret = "";
        ZipFile zipfile = null;
        try {
            zipfile = new ZipFile(sourceDir);
            Enumeration<?> entries = zipfile.entries();
            while (entries.hasMoreElements()) {
                ZipEntry entry = ((ZipEntry) entries.nextElement());
                String entryName = entry.getName();
                if (entryName.startsWith("mtchannel")) {
                    ret = entryName;
                    break;
                }
            }
```

```
            } catch (IOException e) {
                e.printStackTrace();
            } finally {
                if (zipfile != null) {
                    try {
                        zipfile.close();
                    } catch (IOException e) {
                        e.printStackTrace();
                    }
                }
            }

            String[] split = ret.split("_");
            if (split != null && split.length >= 2) {
                return ret.substring(split[0].length() + 1);

            } else {
                return "";
            }
        }
```

以上代码逻辑我们可以再优化一下，比如为渠道做个缓存放在 SharePreference 里，不能总从 apk 里读取，效率是个问题。

对于 Python 批处理也很简单，这里给出一段美团的 Python 代码，大家可以参考补充：

```
import zipfile
zipped = zipfile.ZipFile(your_apk, 'a', zipfile.ZIP_DEFLATED)
empty_channel_file = "META-INF/mtchannel_{channel}".format(channel=your_channel)
zipped.write(your_empty_file, empty_channel_file)
```

以上是核心实现，我们要做的就是保存一个渠道列表，可以用一个文本文件保存，一行一个渠道，然后使用 Python 读取，用 for 循环生成不同渠道的 apk 包，这个我就不写代码了，大家可以自己试一下，这里给出一个开源的美团方案实现，大家可以参考一下：https://github.com/GavinCT/ AndroidMultiChannelBuildTool。2．http://tech.meituan.com/mt-apk- packaging.html。

11.5 小结

到这里多渠道构建就讲解完了，多渠道构建利用的主要是对 ProductFlavor 的定制，所以我们重点讲了 ProductFlavor 的各个配置，让大家都熟悉一下，这样在碰到多渠道的需求时，可以对比参考一下能否满足你的要求，或者需要哪些组合可以做到。

此外我们要记得 productFlavors 是一个 ProductFlavor 集合，我们可以通过操纵它做很多批量处理的事情，比如 9.5 节中的批量修改 AndroidManifest.xml 中友盟统计的渠道名等，这个批处理的功能要合理利用。

第12章 Android Gradle测试

对于研发来说，测试永远都是绕不开的，通过测试可以减少程序的 Bug 率，提高产品的质量。测试有黑盒和白盒测试之分，我们这里主要讲白盒测试，也就是基于现有代码逻辑的测试，如单元测试等。

Android 为测试程序提供了很好的支持，既可以使用传统的 JUnit 测试，又可以使用 Android 提供的 Instrument 测试。这一章主要讲 Android Gradle 和 Android 测试之间的配合和结合，这期间会涉及一些单元测试用例或者对一些测试框架的使用，但是主要介绍的内容还是 Android Gradle 和 Android 测试。对于 Android 测试本身介绍不多，关于 Android 测试本身，比如 Activity 等四大组件测试、UI 自动化测试、espresso UI 测试框架等可以参考官方文档。

12.1 基本概念

在 Android Gradle 中，与测试相关已经被作为项目的一部分，而不再是一个单元的测试工程了，这对我们一起管理引用代码比较方便。SourceSet 我们之前介绍过，比如有 main SourceSet，对测试来说有 androidTest SourceSet。当我们使用 Android Studio 新建一个项目的时候，会帮我们默认生成 main 和 androidTest SourceSet，路径和 main 相似。是 src/androidTest/，当我们运行测试的时候，androidTest SourceSet 会被构建成一个可以安装到设备上的测试 apk，这个测试 apk 里有很多我们写好的测试用例，它们会被执行，来测试我们的 App。

在 androidTest SourceSet 里我们可以依赖各种测试库，写很多方面的测试用例，比如单元测试的，集成测试的，espresso UI 测试的，uiautomator 自动化测试的等。

既然它可以生成一个 apk，那么它一定有 apk 的必备属性和文件，比如包名、AndroidManifest.xml 文件等。那么它们是怎么被配置的呢，记得我们讲的 ProductFlavor 吗？

它里面有很多以 test 开头的配置，这些就是我们用来配置测试 apk 用的。一般测试 apk 我们会统一配置，而不是针对每个渠道都配置，所以我们会在 defaultConfig 里来对测试 apk 进行配置，让其自动生成所需要的包名、AndroidManifest.xml 文件等信息。defaultConfig 也可以这么配置，因为 defaultConfig 其实也是一个 ProductFlavor。1．testApplicationId 测试 apk 的包名。2．testFunctionalTest 是否启用功能测试。3．testHandleProfiling 是否启用性能分析。4．testInstrumentationRunner 运行测试使用的 Instrumentation Runner。

这些配置在上一章多渠道里都有详细介绍，它们是用来配置 Android 测试的配置，帮助我们生成 AndroidManifest.xml，其实主要是用来生成 AndroidManifest 的 instrumentation 这个标签。

```
android {
    defaultConfig {
        testApplicationId "org.flysnow.app.example121.test"
        testInstrumentationRunner "android.test.InstrumentationTestRunner"
        testHandleProfiling true
        testFunctionalTest true
    }
}
```

最后会根据配置生成 AndroidManifest.xml 文件：

```
<?xml version="1.0" encoding="utf-8"?>
<manifest xmlns:android="http://schemas.android.com/apk/res/android"
    package="org.flysnow.app.example121.test">

    <uses-sdk android:minSdkVersion="14" android:targetSdkVersion="23" />

    <application>
        <uses-library android:name="android.test.runner" />
    </application>

    <instrumentation android:name="android.test.InstrumentationTestRunner"
                     android:targetPackage="org.flysnow.app.example121"
                     android:handleProfiling="true"
                     android:functionalTest="true"
                     android:label="Tests for org.flysnow.app.example121"/>
</manifest>
```

看到这里，我们应该发现一个现象，targetPackage 这个属性我们并没有配置，怎么在 AndroidManifest.xml 也生成了呢？这是 Android Gradle 自动帮我们做的，它会使用被测试 App 的包名进行填充。

前面我们讲过，每一个 SourceSet 都可以配置它自己的 dependencies 依赖，androidTest 也不例外，它也可以，并且它可以有自己的资源、配置等。和我们使用其他的 SourceSet 是一样的，该有的都有：

```
dependencies {
    androidTestCompile 'com.android.support:support-annotations:23.0.1'
    androidTestCompile 'com.android.support.test:runner:0.4.1'
    androidTestCompile 'com.android.support.test:rules:0.4.1'
}
```

这样只有 Android 测试的时候这些才会被编译到测试的 apk 里，为我们测试所用，正式的 apk 包里是没有这些 Jar 库的。

默认情况下测试 apk 测试的目标 apk 是 debug 模式下的，这有很大好处，第一个因为 debug 模式下的都不会混淆代码，对我们发现问题有帮助；第二个对我们查看测试的代码覆盖率有帮助，可以很容易发现哪些没有覆盖到，如果想更改也很方便，Android Gradle 为我们提供了 testBuildType，可以更改要测试 BuildType：

```
android {
    ...
    testBuildType "release"
}
```

这样就改成测试的是 release 类型的 apk 包了。testBuildType 是 Android 对象的一个属性，接受 BuildType 的名字作为参数，是一个 String 字符串：

```
/**
 * Name of the build type that will be used when running Android (on-device) tests.
 *
 * <p>Defaults to "debug".
 */
@Override
@NonNull
public String getTestBuildType() {
    return testBuildType;
}

public void setTestBuildType(String testBuildType) {
    this.testBuildType = testBuildType;
}
```

从源代码里我们也可以看到，它的默认值是 debug，也就是我们上面讲的测试的是 debug 类型的 App 包。

写好了测试的代码，我们怎么运行呢？测试需要手动执行来运行，使用./gradlew connectedCheck 即可运行我们的测试。这个任务是一个引导性质的任务，它首先会使用 androidAndroidTest 任务构建好测试应用和被测试应用，其中被测试应用又是被 assembleDebug 任务构建的；然后通过 install 任务安装这两个应用；接着运行我们写好的测试用例，最后等运行完之后，卸载两个应用。这个前提我们一定要有一台 Android 设备或者 Android 模拟器以供我们测试使用，如果你同时运行了多个设备，那么会在每个设备上都执行测试用例。

最后测试的结果会被保存在 build/androidTest-results 目录下，我们可以查看测试的结果。

以前讲的都是测试 App，也就是 Application 项目，如果我们要测试一个库项目呢？其实和测试 Application 项目是一样的，配置、目录、依赖等都一样，唯一不同的是不会有被测试的 apk 生成，只有一个测试 apk 生成，我们库项目中的代码被作为一个依赖库添加到测试 apk 中，库的 AndroidManifest 文件中的配置也会被合并到测试 apk 的 AndroidManifest 中，有没有发现，其实一个 Application 项目引用库项目是一样的。运行测试方面也是一样的，命令行执行命令即可。

12.2 本地单元测试

什么是本地的单元测试呢？既然是本地的，就和 Android 无关了，其实也的确是这样的，这种测试是和原生的 Java 测试一样，不依赖 Android 框架或者只有非常少的依赖，直接运行在你本地的开发机器上，而不需要运行在一个 Android 设备或者 Android 模拟器上，所以这种测试方式是非常高效的，因为它不需要你每次在运行测试的时候都安装到 Android 设备或者模拟器上，这无疑节省了很多时间。所以我们建议如果可以，就使用这种方法测试，比如你的业务逻辑代码，它们可能和 Android Activity 等没有太大关系，这部分代码甚至只是一个单纯的 Java 项目，依赖 JDK 就可以实现。不过有时候，我们也需要 Android 框架本身的一些代码依赖，比如 Context，这时候就需要使用一些模拟框架来模拟这种依赖关系，比较常用的模拟框架有 Mockito 和 JMock。

12.1 节中我们讲到 AndroidTest 测试有自己的 SourceSet 目录 src/androidTest/java，对于本地的单元测试来说，也有自己的目录用来组织单元测试用例的代码，这个目录是 src/test/java，和 Java 工程的测试是一样的，它里面的测试用例用来测试 main 这个 SourceSet 的代码。

如果有多个 BuildType、多个 Flavor，并且想针对特定的 BuildType 和特定的 Flavor 测试的话，也是有办法的，每一种 BuildType，每一种 Flavor 都有对应的测试用例存放目录，比如：src/main/java/ 对应的是 src/test/java/，src/debug/java/ 对应的是 src/testDebug/java/，src/google/java/ 对应的是 src/testGoogle/java/。

只需要在特定的目录下添加测试用例代码即可，从以上几个示例我们可以看出它们是有规则的，都是以 test 开头，后面加上 BuildType 或者 Flavor 的名字。

和 Java 的测试项目一样，对于 Android 的本地单元测试，也是使用 JUnit 这个非常流行的测试框架进行测试，要使用它，需要先添加依赖：

```
dependencies {
    // Required -- JUnit 4 framework
    testCompile 'junit:junit:4.12'
}
```

这里选用的是 JUnit 4 框架，也可以选择 JUnit 3。它们两个的区别是：JUnit 3 的测试用例需要都集成 junit.framework.TestCase，并且测试方法要以 test 为前缀；而 JUnit 4 就没有这些限制，测试方法也只需要使用@Test 注解进行标注就好了，推荐使用 JUnit 4。下面就以一个例子来演示本地单元测试的使用：

```
package org.flysnow.app.example122;

import org.junit.Test;

import static org.hamcrest.CoreMatchers.is;
import static org.junit.Assert.assertThat;

/**
 * @author 飞雪无情
 * @since 16-5-9 上午 12:02
 */
public class EmailValidatorTest {
    @Test
    public void emailValidator_CorrectEmailSimple_ReturnsTrue() {
        assertThat(EmailValidator.isValidEmail("name@email.com"), is(true));
    }
    @Test
    public void emailValidator_CorrectEmailSimple_ReturnsFalse() {
        assertThat(EmailValidator.isValidEmail("name"), is(false));
    }
}
```

这是使用 JUnit 4 写的单元测试用例，按照前面的方式已经配置好了 JUnit 依赖。这里有两个测试方法，每个都用@Test 注解进行了标注，用于测试自己的 Email 校验的方法是否正确，然后在命令行下执行./gradlew :example122:test 即可运行所有的单元测试用例。然后在 build/reports/tests 目录下查看我们测试的结果。

从例子中可以看到，我们并没有配置 testApplicationId，也没指定 testInstrumentationRunner，因为运行的是本地单元测试，并不需要一个生成测试的 apk，也不需要被测试的 apk，就是单纯地直接运行测试用例，不依赖任何 Android 设备和模拟器，所以速度非常快。以上的 test 任务可以运行所有的单元测试用例，如果只想运行 debug 模式下的可以使用 testDebugUnitTest 这个任务。

我们一直强调本地的单元测试和 Android 框架本身没有关系，但是有时候还是不可避免地会依赖到 Android 框架。

在执行 test 任务的时候，我们会注意到一个特殊的任务 mockableAndroidJar，这是 Android Gradle 为我们执行本地单元测试提供的一个修改版的 android.jar，这个版本的方法没啥实际的代码。相反，你如果引用它里面的方法，它还会抛出异常。针对这种情况，如果想依赖 Android 框架，就只能使用模拟对象的框架了，这里选用 Mockito，版本要是 1.9.5 以上，因为这和 Android 单元测试兼容。首先要先配置好 Mockito 的依赖：

```
dependencies {
    testCompile 'junit:junit:4.12'
    testCompile 'org.mockito:mockito-core:1.10.19'
}
```

然后我们定义一个需要测试的方法 getAppName：

```
package org.flysnow.app.example122;

import android.content.Context;

/**
 * @author 飞雪无情
 * @since 16-5-9 上午 12:51
 */
public class Utils {
    private Context mContext;

    public Utils(Context context) {
        this.mContext = context;
    }
```

```
    public String getAppName(){
        return String.valueOf(mContext.getString(R.string.app_name));
    }
}
```

从程序中可以看到，Utils 这个工具类在构造的时候就需要一个 Context，然后使用它来获取 AppName。如果要对 Utils 的 getAppName 方法进行本地单元测试，就需要使用 Mockito 来模拟 Context：

```
package org.flysnow.app.example122;

import android.content.Context;

import org.junit.Test;
import org.junit.runner.RunWith;
import org.mockito.Mock;
import org.mockito.runners.MockitoJUnitRunner;

import static org.hamcrest.CoreMatchers.*;
import static org.junit.Assert.*;
import static org.mockito.Mockito.*;
/**
 * @author 飞雪无情
 * @since 16-5-9 上午 12:53
 */
@RunWith(MockitoJUnitRunner.class)
public class UtilsTest {
    private static final String APP_NAME = "Example122";

    @Mock
    Context mMockContext;
    @Test
    public void readAppNameFromContext(){
        when(mMockContext.getString(R.string.app_name)).thenReturn(APP_NAME);

        Utils utils = new Utils(mMockContext);
        String appName = utils.getAppName();
        assertThat(appName,is(APP_NAME));
    }
}
```

从示例中可以看到，首先我们要告诉 JUnit 4，我们要使用 MockitoJUnitRunner 这个单元测试的运行者来执行，不然代码里的@Mock 注解就不认识了，只有 MockitoJUnitRunner 认识；

其次我们使用@Mock 注解标注一个模拟 Context 的对象 mMockContext，它是被 Mockito 模拟出来的；然后就是 when.thenReturn 逻辑了，这个 when 一定要和 Utils 里的 getAppName 方法的逻辑一样，这里都是 getString(R.string.app_name)，然后使用 thenReturn 告知模拟期望返回的值；最后就是调用 Utils 的 getAppName 方法，看看它返回的值和我们期望的值是否一样即可。

使用./gradlew :example122:test 执行即可查看结果。

模拟对象非常强大，模拟创建为我们提供打桩的方式来测试代码逻辑，降低了和真实数据、其他依赖之间的耦合程度，可以让我们更清晰地分层、分模块、分各个类进行测试。关于 Mockito 的用法可以参考文档 http://site.mockito.org/mockito/docs/current/org/mockito/Mockito.html。

如果可以使用本地单元测试的就用它进行测试，实在不行，比如 Activity，才使用我们下一节介绍的 Instrument 测试；如果我们要最大限度使用本地单元测试，最重要的就是分好层级，降低代码和 Android 之间的耦合程度，比如可以使用 MVP、Clean 架构对项目进行重构，降低代码之间的耦合，这样才便于使用单元测试。

12.3 Instrument 测试

上一节我们讲了基于 JVM 的本地单元测试，这一节就介绍基于一台 Android 设备或者模拟器的测试，它就是 Instrument 测试，顾名思义，这是一种高模拟和仿真的测试，因为是运行在真实的安卓物理机或者模拟器上，所以它可以使用 Android SDK 框架的所有类和特性，比如 Context，而且测试为我们提供 Instrumentation 类，让我们可以很方便地获得被测试的 apk 的 Context、Activity 等信息。我们可以使用 Instrument 做单元测试、UI 自动化测试以及集成测试。

因为 Instrument 测试是要生成一个测试的 apk，所以要对这个测试 apk 进行配置。以 AndroidJUnitRunner 为例，因为这个 runner 可以让我们写基于 JUnit 4 的测试用例，就可以搭配使用 JUnit 4 的新特性。要使用 AndroidJUnitRunner，要先引用 runner 库：

```
android {
    defaultConfig {
        testInstrumentationRunner "android.support.test.runner.AndroidJUnitRunner"
    }
}

dependencies {
    compile fileTree(dir: 'libs', include: ['*.jar'])
```

```
    androidTestCompile 'com.android.support.test:runner:0.4.1'
    androidTestCompile 'com.android.support.test:rules:0.4.1'
}
```

要先配置使用的 Runner，然后可以指定生成的测试 apk 的包名，如果不指定的话，会使用被测试的 apk 的包名+test 后缀作为其测试包名：

```
android {
    defaultConfig {
        testInstrumentationRunner "android.support.test.runner.AndroidJUnitRunner"
        testApplicationId "con.example.app.test"
    }
}
dependencies {
    compile fileTree(dir: 'libs', include: ['*.jar'])
    androidTestCompile 'com.android.support.test:runner:0.4.1'
    androidTestCompile 'com.android.support.test:rules:0.4.1'
}
```

另外一个 Rule 库是 Android Support，它为我们测试定义一些规则，实现自 JUnit 的 Rule，可以对 JUnit 扩展，很方便地做一些事情。比如使用 ActivityTestRule 指定要测试的 Activity，大家可以参考 JUnit 4 的 Rule。

有了这些配置后，就可以在 src/androidTest 下写测试用例了，这个目录下的代码都会被打包到测试 apk 里，安装到手机或者模拟器上运行：

```
package org.flysnow.app.example123;

import android.support.test.rule.ActivityTestRule;
import android.support.test.runner.AndroidJUnit4;
import android.test.suitebuilder.annotation.LargeTest;

import org.junit.Before;
import org.junit.Rule;
import org.junit.Test;
import org.junit.runner.RunWith;

/**
 * @author 飞雪无情
 * @since 16-5-14 下午 11:03
 */
@RunWith(AndroidJUnit4.class)
@LargeTest
```

```
public class MainActivityTest {
    @Rule
    public ActivityTestRule<MainActivity> mActivityRule = new ActivityTestRule<>(
            MainActivity.class);

    @Before
    public void initSomething(){

    }

    @Test
    public void validSomething(){
       mActivityRule.getActivity().findViewById(android.R.id.text1).performClick();
    }
}
```

程序中以显式的方式告诉测试框架，要以 AndroidJUnit4 来扫描运行测试用例，然后使用 LargeTest 标注这是一个 Large Test，说明它有更高的权限，比如多线程、访问数据库、时间限制也更长；接着使用 Rule 指定规则，我们要测试的是 MainActivity，然后就是执行@Test 标注的测试方法。

编写好单元测试用例，就可以执行它们了，通过运行./gradlew connectedAndroidTest 即可执行所有 Instrument 的测试，并且在 build/report 目录下生成测试报告以供查看。

针对 Instrument 测试，有很多好用的库可供我们使用，以提高测试的效率。比如 Espresso、Uiautomator 等，要使用它们，只需要在依赖里配置好它们即可：

```
dependencies {
    // Optional -- Hamcrest library
    androidTestCompile 'org.hamcrest:hamcrest-library:1.3'
    // Optional -- UI testing with Espresso
    androidTestCompile 'com.android.support.test.espresso:espresso-core:2.2.1'
    // Optional -- UI testing with UI Automator
    androidTestCompile 'com.android.support.test.uiautomator:uiautomator-v18:2.1.1'
}
```

因为我们配置的是 androidTestCompile，所以只能在测试代码里使用这些库。

12.4 测试选项配置

Android Gradle 插件为我们预留了 testOptions{}闭包，可以对测试进行一些配置，比如设置生成测试报告的目录等。

testOptions 和其他（adbOptions）我们介绍的配置一样，也是 Android 的一个方法，接受一个 TestOptions 类型的参数作为其闭包的配置：

```
/** Configures test options. */
public void testOptions(Action<TestOptions> action) {
    checkWritability();
    action.execute(testOptions);
}
```

TestOptions 有 3 种可以供我们配置的：（1）reportDir，这是一个属性，用于配置生成测试报告的目录；（2）resultsDir，也是一个属性，用于配置生成测试结果的目录；（3）unitTests，既是属性，又是一个闭包，用于控制单元测试的执行。

我们看一下如何配置测试报告结果目录：

```
android {
    ...

    testOptions {
        reportDir = "$project.buildDir/example123/report"
        resultsDir = "$project.buildDir/example123/result"
    }
}
```

这样我们就配置好了目录，重定向到我们需要的目录下，因为它们是属性，源代码对应的是 getter/setter 方法，这里就不写它们的源代码了，有兴趣的可以自己看一下。

在开发单个项目的时候，我们的测试报告可以生成在我们指定的目录下。如果我们有多个项目呢？比如我们引用了多个库项目，每个库项目也有自己的测试，也会生成自己的报告，这样就会比较分散，不容易查看，如果能把它们统一合并起来就好了，统一进行查看。这个想法是可以实现的，Android 提供了另外一个插件，它就是 android-reporting，我们只需和应用其他插件一样应用它，就会自动新增一个名为 mergeAndroidReports 的任务，只需要在执行完测试之后调用它即可：

```
buildscript {
    repositories {
        jcenter()
    }
    dependencies {
```

```
        classpath 'com.android.tools.build:gradle:1.5.0'

        // NOTE: Do not place your application dependencies here; they belong
        // in the individual module build.gradle files
    }
}

allprojects {
    repositories {
        jcenter()
    }
}

apply plugin: 'android-reporting'
```

以上是 build.gradle 里的内容，这个 build.gradle 不是我们项目中的 build.gradle，是和 settings.gradle 同级的 build.gradle，就是总的 build.gradle，应用插件之后，添加的任务也是在 root 项目中。

然后我们要想合并报告，只需要执行./gradlew deviceCheck mergeAndroidReports –continue。

以上命令就是先在设备中运行测试，然后使用 mergeAndroidReports 合并报告；--continue 是测试在失败的时候，也可以继续执行其他测试用例，一直到执行完成为止。

最后我们再来说一下这个 unitTests 配置，对应的类型是 UnitTestOptions，它是所有测试任务的一个集合。UnitTestOptions 对象拥有一个 Test 类型的域对象集合 DomainObjectSet，我们看一下它的部分源代码：

```
/**
 * Options for controlling unit tests execution.
 */
public static class UnitTestOptions {
    private DomainObjectSet<Test> testTasks = new DefaultDomainObjectSet<Test>(Test.
class);

    public void all(final Closure<Test> configClosure) {
        testTasks.all(new Action<Test>() {
            @Override
            public void execute(Test testTask) {
                ConfigureUtil.configure(configClosure, testTask);
            }
        });
    }
}
```

它有一个 all 方法，可以让我们遍历所有的 Test，这个 Test 是 org.gradle.api.tasks.testing.Test，是 Task 类型的，本质上它也是个任务。所以一般的用法是操纵这些任务，对它们进行一些配置或者根据这些任务做一些判断，就和前面章节讲的批量命名生成的 apk 一样，那里使用的是 productFlavors.all{}闭包，这里使用的是 unitTests.all{}闭包，它们的用法是一样的：

```
android {
  // ...
  testOptions {
    unitTests.all {
       // All the usual Gradle options.
       jvmArgs '-XX:MaxPermSize=256m'
    }
  }
}
```

比如这个官方的例子，指定启动的 JVM 的最大非堆内存是 256MB，当然还可以对迭代出的 Test 任务做其他处理，其配置项请参考 https://docs.gradle.org/current/javadoc/org/gradle/api/tasks/testing/Test.html。

12.5 代码覆盖率

有了测试用例，就要有相应的测试代码覆盖率统计，这样我们才知道我们的代码是否被测试用例完全覆盖，还有哪些没有覆盖到，如何进行补全测试用例。所以测试代码覆盖率尤其重要，所幸这些 Android Gradle 已经考虑到了，帮我们内置了代码覆盖率的报告生成，默认是关闭的，我们只需开启即可：

```
android {
    buildTypes {
        release {
            minifyEnabled true
            proguardFiles getDefaultProguardFile('proguard-android.txt'), 'proguard-rules.pro'
            zipAlignEnabled true
        }
        debug {
            testCoverageEnabled = true
        }
    }
}
```

testCoverageEnabled 用于控制代码覆盖率统计是否开启，它是 BuildType 的一个属性，接受一个 boolean 类型的参数，true 表示开启，false 表示关闭，默认是 false。由此可见，我们只能针对 BuildType 开启和关闭测试代码覆盖率。例子中我们只针对 debug 类型开启了测试代码覆盖率，因为 debug 类型一般我们不混淆，可以很容易看代码覆盖率报告，知道哪些代码覆盖到了，哪些没有。

启用了之后，就会自动添加一个任务，名字为 createDebugCoverageReport，我们运行它，就会自动执行测试用例，并且生成测试代码覆盖率的报告：

```
public void setTestCoverageEnabled(boolean testCoverageEnabled) {
    mTestCoverageEnabled = testCoverageEnabled;
}

/**
 * Whether test coverage is enabled for this build type.
 *
 * <p>If enabled this uses Jacoco to capture coverage and creates a report in the build
 * directory.
 *
 * <p>The version of Jacoco can be configured with:
 * <pre>
 * android {
 *   jacoco {
 *     version = '0.6.2.201302030002'
 *   }
 * }
 * </pre>
 *
 */
@Override
public boolean isTestCoverageEnabled() {
    return mTestCoverageEnabled;
}
```

以上是 testCoverageEnabled 配置的源代码，从文档注释里可以看到，不光要设置为 true，还要指定 jacoco 的版本，因为 Android Gradle 是使用 Jacoco 来统计代码覆盖率的。我们要告诉 Android Gradle，我们使用的是哪个版本的 Jacoco，具体实例如下：

```
android {
  jacoco {
    version = '0.6.2.201302030002'
  }
}
```

这种方式并没有错，是对的，但是只适用于 Android Gradle 1.5.0 之前的版本，在用 1.5.0 版本的时候就要把版本号配置在根项目的 buildscript 脚本的 dependencies。这个官方文档中没有提，只提了 jacoco{version}这种配置已经不可用了，并没给出替代方法。如果我们还用这种方式的话，虽然不起作用，但是会有一段提示，运行./gradlew createDebugCoverageReport 就可以看到：

```
It is no longer possible to set the Jacoco version in the jacoco {} block.
To update the version of Jacoco without updating the android plugin,
add a buildscript dependency on a newer version, for example: buildscript{    depende
ncies {
        classpath"org.jacoco:org.jacoco.core:0.7.4.201502262128"    }}
```

大意就是 jacoco{}配置不再支持了，如果想配置版本，就要使用 buildscript 脚本的 dependencies 方式。但是这里要注意，这种配置方式对 Android Gradle 版本有要求，在 1.5.0 版本，只有配置在根项目的 build.gradle 文件中才有效果，也就是和 settings.gradle 同级的那个 build.gradle 文件，配置在具体的项目中是不起作用的，比如 Example123 中是不起作用的，这个和其代码实现有关（我怀疑是个 bug），看如下源代码就可以明白：

```
private String getJacocoVersion() {
    Set<ResolvedArtifact> resolvedArtifacts =
            project.getRootProject().getBuildscript().getConfigurations().getByName
("classpath")
                    .getResolvedConfiguration().getResolvedArtifacts();
    for (ResolvedArtifact artifact: resolvedArtifacts) {
        ModuleVersionIdentifier moduleVersion = artifact.getModuleVersion().getId();
        if ("org.jacoco.core".equals(moduleVersion.getName())) {
            return moduleVersion.getVersion();
        }
    }
    if (resolvedArtifacts.isEmpty()) {
        // DSL test case, dependencies are not loaded.
        project.getLogger().error(
                "No resolved dependencies found when searching for the jacoco version.");
        return null;
    }
    throw new IllegalStateException(
            "Could not find project build script dependency on org.jacoco.core");
}
```

这是 com.android.build.gradle.internal.coverage.JacocoPlugin 类中取 Jacoco 版本的方法，看到 project.getRootProject()这句代码了吗？这也就是意味着，只有配置在根项目下才起作用。

从 Android Gradle 2.0.0 开始，Android 官方进行了修改，去掉了 getRootProject，直接使用 project.getBuildscript()进行获取，这样不管我们是配置在根项目，还是单独配置在子项目里，都可以使用了。所以，这里对于版本号的使用要特别小心，看一下你的程序依赖的是 Android Gradle 的哪个版本，然后使用相应的版本，不然就会因为找不到 Jacoco 的版本号，而抛出如下异常：

```
No resolved dependencies found when searching for the jacoco version.
* What went wrong:
Could not resolve all dependencies for configuration ':example123:androidJacocoAgent'
.
> Could not find org.jacoco:org.jacoco.agent:null.
  Searched in the following locations:
```

如果遇到这种异常，就是 Jacoco 的版本配置方式不对，就要根据 Android Gradle 版本号做相应调整。因为我使用的 Android Gradle1.5.0 演示，所以，这里在根项目下的 build.gradle 里增加如下配置：

```
buildscript {
    repositories {
        jcenter()
    }
    dependencies {
        classpath 'org.jacoco:org.jacoco.core:0.7.4.201502262128'
    }
}
```

然后就可以在终端里运行./gradlew createDebugCoverageReport 生成代码覆盖率报告了，报告在 build/reports/coverage 下，可以前往查看还有相关的指标覆盖信息。

12.6 Lint 支持

Android 为我们提供了针对代码、资源的优化工具 Lint，它可以帮助我们检查出哪些资源没有被使用，哪些使用了新的 API，哪些资源没有国际化等。它会生成一份报告，告诉我们哪些需要优化。

Lint 是一个命令行工具，是 Android Tool 目录下的一个工具，可以在终端里运行它，查看一些帮助配置，比如指定生成报告的目录，配置哪些项目需要检查，哪些项目禁用检查等，这些都可以通过终端运行 Lint 的时候指定配置来达到检查的目的。在 Android Gradle 中，也对 Lint 做了很好的支持，Android Gradle 插件提供了 lintOptions { }这个闭包来配置 Lint，达到我们检查的目的。

lintOptions 是 Android 对象的一个方法，接受一个类型为 LintOptions 的闭包，用于配置 Lint：

```
/**
 * Configures lint options.
 */
public void lintOptions(Action<LintOptions> action) {
    checkWritability();
    action.execute(lintOptions);
}
```

它有很多属性和方法，下面会一个个介绍，它配置的样例如下：

```
android {

    lintOptions {
        abortOnError true
        warningsAsErrors true
        check 'NewApi'
    }
}
```

以上配置了遇到 Lint 检查错误的时候会终止构建，Lint 的警告也会被当成错误处理，需要检查是否使用了新的 API。

12.6.1　abortOnError

这是 LintOptions 的属性，接受一个 boolean 类型的值，用于配置 Lint 发现错误时是否退出 Gradle 构建：

```
/** Whether lint should set the exit code of the process if errors are found */
@Override
@Input
public boolean isAbortOnError() {
    return abortOnError;
}

/** Sets whether lint should set the exit code of the process if errors are found */
```

```
public void setAbortOnError(boolean abortOnError) {
    this.abortOnError = abortOnError;
}
```

12.6.2 absolutePaths

这是 LintOptions 的属性，接受一个 boolean 类型的值，用于配置错误的输出里是否应该显示绝对路径，默认显示的是相对路径：

```
/**
 * Whether lint should display full paths in the error output. By default the paths
 * are relative to the path lint was invoked from.
 */
@Override
@Input
public boolean isAbsolutePaths() {
    return absolutePaths;
}

/**
 * Sets whether lint should display full paths in the error output. By default the paths
 * are relative to the path lint was invoked from.
 */
public void setAbsolutePaths(boolean absolutePaths) {
    this.absolutePaths = absolutePaths;
}
```

12.6.3 check

check 既是 LintOptions 的一个属性，又是一个方法。而且方法对应两个，方法名一样，但是接受的参数不同。

这 3 种配置方式都是配置哪些项目需要 Lint 检查，这个项目就是 Issue Id(s)，比如：

```
android {

    lintOptions {
        check 'NewApi'
    }
}
```

NewApi 这个就是一个 issue id，Lint 提供了很多可用的 issue id，可以在终端输入 lint --list 查看所有可用的 id：

```
Valid issue id's:
"ContentDescription": Image without contentDescription
"AddJavascriptInterface": addJavascriptInterface Called
"ShortAlarm": Short or Frequent Alarm
"AlwaysShowAction": Usage of showAsAction=always
"ShiftFlags": Dangerous Flag Constant Declaration
"LocalSuppress": @SuppressLint on invalid element
"UniqueConstants": Overlapping Enumeration Constants
"InlinedApi": Using inlined constants on older versions
"Override": Method conflicts with new inherited method
"NewApi": Calling new methods on older versions
"UnusedAttribute": Attribute unused on older versions
"AppCompatMethod": Using Wrong AppCompat Method
"AppCompatResource": Menu namespace
"AppIndexingError": Wrong Usage of App Indexing
"AppIndexingWarning": Missing App Indexing Support
"InconsistentArrays": Inconsistencies in array element counts
"Assert": Assertions
"BackButton": Back button
"ButtonCase": Cancel/OK dialog button capitalization
"ButtonOrder": Button order
"ButtonStyle": Button should be borderless
"ByteOrderMark": Byte order mark inside files
"MissingSuperCall": Missing Super Call
"AdapterViewChildren": AdapterViews cannot have children in XML
"ScrollViewCount": ScrollViews can have only one child
"GetInstance": Cipher.getInstance with ECB
"CommitTransaction": Missing commit() calls
"Recycle": Missing recycle() calls
"ClickableViewAccessibility": Accessibility in Custom Views
"EasterEgg": Code contains easter egg
"StopShip": Code contains STOPSHIP marker
"CustomViewStyleable": Mismatched Styleable/Custom View Name
"CutPasteId": Likely cut & paste mistakes
"SimpleDateFormat": Implied locale in date format
"Deprecated": Using deprecated resources
"MissingPrefix": Missing Android XML namespace
"MangledCRLF": Mangled file line endings
"DuplicateIncludedIds": Duplicate ids across layouts combined with include
    tags
"DuplicateIds": Duplicate ids within a single layout
```

```
"DuplicateDefinition": Duplicate definitions of resources
"ReferenceType": Incorrect reference types
"ExtraText": Extraneous text in resource files
"FieldGetter": Using getter instead of field
"FullBackupContent": Valid Full Backup Content File
"ValidFragment": Fragment not instantiatable
"PackageManagerGetSignatures": Potential Multiple Certificate Exploit
"GradleCompatible": Incompatible Gradle Versions
"AndroidGradlePluginVersion": Incompatible Android Gradle Plugin
"GradleDependency": Obsolete Gradle Dependency
"GradleDeprecated": Deprecated Gradle Construct
"GradleGetter": Gradle Implicit Getter Call
"GradleIdeError": Gradle IDE Support Issues
"GradlePath": Gradle Path Issues
"GradleDynamicVersion": Gradle Dynamic Version
"StringShouldBeInt": String should be int
"NewerVersionAvailable": Newer Library Versions Available
"AccidentalOctal": Accidental Octal
"GridLayout": GridLayout validation
"HandlerLeak": Handler reference leaks
"HardcodedDebugMode": Hardcoded value of android:debuggable in the manifest
"HardcodedText": Hardcoded text
"IconDuplicatesConfig": Identical bitmaps across various configurations
"IconDuplicates": Duplicated icons under different names
"GifUsage": Using .gif format for bitmaps is discouraged
"IconColors": Icon colors do not follow the recommended visual style
"IconDensities": Icon densities validation
"IconDipSize": Icon density-independent size validation
"IconExpectedSize": Icon has incorrect size
"IconExtension": Icon format does not match the file extension
"IconLauncherShape": The launcher icon shape should use a distinct silhouette
"IconLocation": Image defined in density-independent drawable folder
"IconMissingDensityFolder": Missing density folder
"IconMixedNinePatch": Clashing PNG and 9-PNG files
"IconNoDpi": Icon appears in both -nodpi and dpi folders
"IconXmlAndPng": Icon is specified both as .xml file and as a bitmap
"IncludeLayoutParam": Ignored layout params on include
"DisableBaselineAlignment": Missing baselineAligned attribute
"InefficientWeight": Inefficient layout weight
"NestedWeights": Nested layout weights
"Orientation": Missing explicit orientation
"Suspicious0dp": Suspicious 0dp dimension
"InvalidPackage": Package not included in Android
"DrawAllocation": Memory allocations within drawing code
"UseSparseArrays": HashMap can be replaced with SparseArray
```

```
"UseValueOf": Should use valueOf instead of new
"JavascriptInterface": Missing @JavascriptInterface on methods
"LabelFor": Missing labelFor attribute
"InconsistentLayout": Inconsistent Layouts
"InflateParams": Layout Inflation without a Parent
"DefaultLocale": Implied default locale in case conversion
"LocaleFolder": Wrong locale name
"InvalidResourceFolder": Invalid Resource Folder
"WrongRegion": Suspicious Language/Region Combination
"UseAlpha2": Using 3-letter Codes
"LogConditional": Unconditional Logging Calls
"LongLogTag": Too Long Log Tags
"LogTagMismatch": Mismatched Log Tags
"AllowBackup": Missing allowBackup attribute
"MissingApplicationIcon": Missing application icon
"DeviceAdmin": Malformed Device Admin
"DuplicateActivity": Activity registered more than once
"DuplicateUsesFeature": Feature declared more than once
"GradleOverrides": Value overridden by Gradle build script
"IllegalResourceRef": Name and version must be integer or string, not
        resource
"MipmapIcons": Use Mipmap Launcher Icons
"MockLocation": Using mock location provider in production
"MultipleUsesSdk": Multiple <uses-sdk> elements in the manifest
"ManifestOrder": Incorrect order of elements in manifest
"MissingVersion": Missing application name/version
"OldTargetApi": Target SDK attribute is not targeting latest version
"UniquePermission": Permission names are not unique
"UsesMinSdkAttributes": Minimum SDK and target SDK attributes not defined
"WrongManifestParent": Wrong manifest parent
"ManifestTypo": Typos in manifest tags
"FloatMath": Using FloatMath instead of Math
"MergeRootFrame": FrameLayout can be replaced with <merge> tag
"InnerclassSeparator": Inner classes should use $ rather than .
"Instantiatable": Registered class is not instantiatable
"MissingRegistered": Missing registered class
"MissingId": Fragments should specify an id or tag
"LibraryCustomView": Custom views in libraries should use res-auto-namespace
"ResAuto": Hardcoded Package in Namespace
"NamespaceTypo": Misspelled namespace declaration
"UnusedNamespace": Unused namespace
"NegativeMargin": Negative Margins
"NestedScrolling": Nested scrolling widgets
"NfcTechWhitespace": Whitespace in NFC tech lists
"UnlocalizedSms": SMS phone number missing country code
```

```
"ObsoleteLayoutParam": Obsolete layout params
"OnClick": onClick method does not exist
"Overdraw": Overdraw: Painting regions more than once
"DalvikOverride": Method considered overridden by Dalvik
"OverrideAbstract": Not overriding abstract methods on older platforms
"ParcelCreator": Missing Parcelable CREATOR field
"UnusedQuantity": Unused quantity translations
"MissingQuantity": Missing quantity translation
"ImpliedQuantity": Implied Quantities
"ExportedPreferenceActivity": PreferenceActivity should not be exported
"PackagedPrivateKey": Packaged private key
"PrivateResource": Using private resources
"ProguardSplit": Proguard.cfg file contains generic Android rules
"Proguard": Using obsolete ProGuard configuration
"PropertyEscape": Incorrect property escapes
"UsingHttp": Using HTTP instead of HTTPS
"SpUsage": Using dp instead of sp for text sizes
"InOrMmUsage": Using mm or in dimensions
"PxUsage": Using 'px' dimension
"SmallSp": Text size is too small
"Registered": Class is not registered in the manifest
"RelativeOverlap": Overlapping items in RelativeLayout
"RequiredSize": Missing layout_width or layout_height attributes
"AaptCrash": Potential AAPT crash
"ResourceCycle": Cycle in resource definitions
"ResourceName": Resource with Wrong Prefix
"RtlCompat": Right-to-left text compatibility issues
"RtlEnabled": Using RTL attributes without enabling RTL support
"RtlSymmetry": Padding and margin symmetry
"RtlHardcoded": Using left/right instead of start/end attributes
"ScrollViewSize": ScrollView size validation
"SdCardPath": Hardcoded reference to /sdcard
"SecureRandom": Using a fixed seed with SecureRandom
"TrulyRandom": Weak RNG
"ExportedContentProvider": Content provider does not require permission
"ExportedReceiver": Receiver does not require permission
"ExportedService": Exported service does not require permission
"GrantAllUris": Content provider shares everything
"WorldReadableFiles": openFileOutput() call passing MODE_WORLD_READABLE
"WorldWriteableFiles": openFileOutput() call passing MODE_WORLD_WRITEABLE
"ServiceCast": Wrong system service casts
"SetJavaScriptEnabled": Using setJavaScriptEnabled
"CommitPrefEdits": Missing commit() on SharedPreference editor
"SignatureOrSystemPermissions": signatureOrSystem permissions declared
"SQLiteString": Using STRING instead of TEXT
```

```
"StateListReachable": Unreachable state in a <selector>
"StringFormatCount": Formatting argument types incomplete or inconsistent
"StringFormatMatches": String.format string doesn't match the XML format
      string
"StringFormatInvalid": Invalid format string
"PluralsCandidate": Potential Plurals
"UseCheckPermission": Using the result of check permission calls
"CheckResult": Ignoring results
"ResourceAsColor": Should pass resolved color instead of resource id
"MissingPermission": Missing Permissions
"Range": Outside Range
"ResourceType": Wrong Resource Type
"WrongThread": Wrong Thread
"WrongConstant": Incorrect constant
"ProtectedPermissions": Using system app permission
"TextFields": Missing inputType or hint
"TextViewEdits": TextView should probably be an EditText instead
"SelectableText": Dynamic text should probably be selectable
"MenuTitle": Missing menu title
"ShowToast": Toast created but not shown
"TooDeepLayout": Layout hierarchy is too deep
"TooManyViews": Layout has too many views
"ExtraTranslation": Extra translation
"MissingTranslation": Incomplete translation
"Typos": Spelling error
"TypographyDashes": Hyphen can be replaced with dash
"TypographyEllipsis": Ellipsis string can be replaced with ellipsis character
"TypographyFractions": Fraction string can be replaced with fraction
      character
"TypographyOther": Other typographical problems
"TypographyQuotes": Straight quotes can be replaced with curvy quotes
"UnusedResources": Unused resources
"UnusedIds": Unused id
"UseCompoundDrawables": Node can be replaced by a TextView with compound
      drawables
"UselessLeaf": Useless leaf layout
"UselessParent": Useless parent layout
"EnforceUTF8": Encoding used in resource files is not UTF-8
"ViewConstructor": Missing View constructors for XML inflation
"ViewHolder": View Holder Candidates
"ViewTag": Tagged object leaks
"WrongViewCast": Mismatched view type
"Wakelock": Incorrect WakeLock usage
"WebViewLayout": WebViews in wrap_content parents
"WrongCall": Using wrong draw/layout method
```

```
"WrongCase": Wrong case for view tag
"InvalidId": Invalid ID declaration
"NotSibling": RelativeLayout Invalid Constraints
"UnknownId": Reference to an unknown id
"UnknownIdInLayout": Reference to an id that is not in the current layout
"SuspiciousImport": 'import android.R' statement
"WrongFolder": Resource file in the wrong res folder
```

以上就是所有可用的 id 以及说明，冒号前面双引号里的就是 id；冒号后面的是对这个 issue id 的用处说明。如果你想看每个 issue id 详细的描述，比如是属于 Warning 还是 Error 级别，属于哪个分类，优先级是多少等，可以使用 lint --show 命令查看这些信息。

check 属性是一个 Set 集合，可以直接给它赋值一个 Set 集合达到配置的目的，比如以下示例：

```
android {
    lintOptions {
        def checkSet = new HashSet<String>()
        checkSet.add("NewApi");
        checkSet.add("InlinedApi")
        check = checkSet
    }
}
```

以上使用方法虽然可以，但是不方便，所以 LintOptions 又为我们提供了 check 方法配置：

```
/**
 * Adds the id to the set of issues to check.
 */
public void check(String id) {
    check.add(id);
}

/**
 * Adds the ids to the set of issues to check.
 */
public void check(String... ids) {
    for (String id : ids) {
        check(id);
    }
}
```

想配置一个 issue id，就是使用第一个 check 方法；想一次性配置多个 issue id，就使用第二个 check 方法，它接受一个可变参数的 issue id，可以同时配置很多。比如上面的例子就可以改写为：

```
android {

    lintOptions {
      check 'InlinedApi','NewApi'
    }
}
```

程序简洁，又省代码，非常方便。

12.6.4　checkAllWarnings

一个属性，接受一个 boolean 的值，True 表示需要检查所有警告的 issue，包括那些默认被关闭的 issue；false 则不检查：

```
/** Returns whether lint should check all warnings, including those off by default */
@Override
@Input
public boolean isCheckAllWarnings() {
    return checkAllWarnings;
}

/** Sets whether lint should check all warnings, including those off by default */
public void setCheckAllWarnings(boolean warnAll) {
    this.checkAllWarnings = warnAll;
}
```

12.6.5　checkReleaseBuilds

这是一个属性，接受一个 boolean 的值作为参数。配置在 release 构建的过程中，Lint 是否应该检查致命的错误的问题，默认是 true，一旦发现有'fatal'级别的问题，release 构建会被终止：

```
/**
 * Returns whether lint should check for fatal errors during release builds. Default
is true.
 * If issues with severity "fatal" are found, the release build is aborted.
```

```
 */
@Override
@Input
public boolean isCheckReleaseBuilds() {
    return checkReleaseBuilds;
}

public void setCheckReleaseBuilds(boolean checkReleaseBuilds) {
    this.checkReleaseBuilds = checkReleaseBuilds;
}
```

12.6.6 disable

它和 check 一样，有一个属性和两个同名方法配置，用来关闭给定 issue ids 的 Lint 检查。这里的参数也是 issue id，可以参考 check 一节查看可用的 issue id：

```
/**
 * Returns the set of issue id's to suppress. Callers are allowed to modify this collection.
 */
@Override
@NonNull
@Input
public Set<String> getDisable() {
    return disable;
}

/**
 * Sets the set of issue id's to suppress. Callers are allowed to modify this collection.
 * Note that these ids add to rather than replace the given set of ids.
 */
public void setDisable(@Nullable Set<String> ids) {
    disable.addAll(ids);
}
 /**
 * Adds the id to the set of issues to enable.
 */
public void disable(String id) {
    disable.add(id);
    severities.put(id, IGNORE);
}

/**
 * Adds the ids to the set of issues to enable.
```

```
     */
    public void disable(String... ids) {
        for (String id : ids) {
            disable(id);
        }
    }
```

这里给出源代码的方法原型，使用方法和 check 是一样的，就不举例子了。

12.6.7　enable

它的用法和 disable 一样，但是作用正好相反，它用来配置哪些 issue id 启用 lint check。这里就不进行演示了。

12.6.8　explainIssues

这是一个属性，接受 boolean 类型的参数，用来配置 Lint 检查出的错误报告是否应该包含解释说明，默认是开启的，也就是报告文档里会带有对该问题的解释说明：

```
/** Returns whether lint should include explanations for issue errors. (Note that
 * HTML and XML reports intentionally do this unconditionally, ignoring this setting.) */
@Override
@Input
public boolean isExplainIssues() {
    return explainIssues;
}

public void setExplainIssues(boolean explainIssues) {
    this.explainIssues = explainIssues;
}
```

12.6.9　htmlOutput

这是一个属性，接受一个 File 类型的参数，用于配置 HTML 报告输出的文件路径：

```
android {

    lintOptions {
        htmlOutput new File("${buildDir}/lintReports/lint-results.html")
    }
}
```

12.6.10 htmlReport

这是一个属性，接受boolean类型的参数，用于配置是否生成HTML报告，默认是true，需要生成HTML报告。

12.6.11 ignoreWarnings

这是一个属性，接受boolean类型的参数，用于配置Lint是否忽略警告级别的检查，只检查错误级别的。默认是false，不忽略警告级别的检查。

12.6.12 lintConfig

这是一个属性，接受一个File对象，用于指定Lint的配置文件，这是一个XML格式的文件，可以指定一些默认的设置：

```
/**
 * Sets the default config file to use as a fallback. This corresponds to a {@code
lint.xml}
 * file with severities etc to use when a project does not have more specific information.
 */
public void setLintConfig(@NonNull File lintConfig) {
    this.lintConfig = lintConfig;
}
```

12.6.13 noLines

这是一个属性，接受一个boolean类型的参数，如果为true，error输出将不会包含源代码的行号，默认是true：

```
/**
 * Whether lint should include the source lines in the output where errors occurred
 * (true by default)
 */
@Override
@Input
public boolean isNoLines() {
    return this.noLines;
```

```
}

/**
 * Sets whether lint should include the source lines in the output where errors occurred
 * (true by default)
 */
public void setNoLines(boolean noLines) {
    this.noLines = noLines;
}
```

12.6.14 quiet

这是一个属性，接受一个 boolean 的值，表示是否开启安静模式，值为 true 意味着安静模式，这样 Lint 分析的进度或者其他信息将不会显示：

```
/**
 * Returns whether lint should be quiet (for example, not write informational messages
 * such as paths to report files written)
 */
@Override
@Input
public boolean isQuiet() {
    return quiet;
}

/**
 * Sets whether lint should be quiet (for example, not write informational messages
 * such as paths to report files written)
 */
public void setQuiet(boolean quiet) {
    this.quiet = quiet;
}
```

12.6.15 severityOverrides

这是一个只读属性，返回一个 Map 类型的结果，它可以用来获取 issue 的优先级。Map 的 key 是 issue id，value 是优先级，优先级是 "fatal" "error" "warning" "informational" "ignore"：

```
/**
 * An optional map of severity overrides. The map maps from issue id's to the corresponding
```

```
 * severity to use, which must be "fatal", "error", "warning", or "ignore".
 *
 * @return a map of severity overrides, or null. The severities are one of the constants
 *  {@link #SEVERITY_FATAL}, {@link #SEVERITY_ERROR}, {@link #SEVERITY_WARNING},
 *  {@link #SEVERITY_INFORMATIONAL}, {@link #SEVERITY_IGNORE}
 */
@Override
@Nullable
public Map<String, Integer> getSeverityOverrides() {
    if (severities == null || severities.isEmpty()) {
        return null;
    }

    Map<String, Integer> map =
            Maps.newHashMapWithExpectedSize(severities.size());
    for (Map.Entry<String,Severity> entry : severities.entrySet()) {
        map.put(entry.getKey(), convert(entry.getValue()));
    }

    return map;
}
```

12.6.16 showAll

这是一个属性，接受一个boolean类型的值，用于标记是否应该显示所有的输出，比如位置信息，并且不会对过长的消息截断等：

```
/**
 * Returns whether lint should include all output (e.g. include all alternate
 * locations, not truncating long messages, etc.)
 */
@Override
@Input
public boolean isShowAll() {
    return showAll;
}

/**
 * Sets whether lint should include all output (e.g. include all alternate
 * locations, not truncating long messages, etc.)
 */
public void setShowAll(boolean showAll) {
    this.showAll = showAll;
}
```

12.6.17　textOutput

这是一个只读属性，也有对应的同名方法，接受一个 File 类型的参数，用于指定生成的 text 格式的报告的路径。如果你指定 stdout 这个值，会被指向标准的输出，一般是终端控制台：

```
// For textOutput 'stdout' or 'stderr' (normally a file)
public void textOutput(String textOutput) {
    this.textOutput = new File(textOutput);
}

// For textOutput file()
public void textOutput(File textOutput) {
    this.textOutput = textOutput;
}
```

12.6.18　textReport

这是一个属性,接受一个 boolean 类型的参数,用于配置是否生成 text 报告。默认值为 false,不生成报告：

```
/** Whether we should write an text report. Default false. The location can be
 * controlled by {@link #getTextOutput()}. */
@Override
@Input
public boolean getTextReport() {
    return textReport;
}

public void setTextReport(boolean textReport) {
    this.textReport = textReport;
}
```

12.6.19　warningsAsErrors

这是一个属性，接受一个 boolean 类型的参数，用于配置是否把所有的警告也当成错误处理默认值是 false。设置为 true 就会当成错误处理，这样生成的报告里就会把原来显示为警告的问题，显示为错误。其实就是强制把警告当成错误处理的意思，一般强制要求将警告问题也修复时会把这个标志设置为 true：

```
/** Returns whether lint should treat all warnings as errors */
@Override
@Input
public boolean isWarningsAsErrors() {
    return warningsAsErrors;
}

/** Sets whether lint should treat all warnings as errors */
public void setWarningsAsErrors(boolean allErrors) {
    this.warningsAsErrors = allErrors;
}
```

12.6.20 xmlOutput

这是一个属性，接受一个 File 类型的参数，用于设置生成 XML 报告的路径。

12.6.21 xmlReport

这是一个属性，接受一个 boolean 类型的参数，用于控制是否生成 XML 格式的报告。默认值是 true，生成 XML 格式的报告。

12.6.22 error、fatal、ignore、warning、informational

上述 5 个方法中包含有 10 个同名的方法，即每组都有两个。它们都是用来配置 issue 的优先级的，接受的都是 issue id 作为其参数。error 方法是把给定的 issue 强制指定为 error 这个优先级，其他的方法也是同样的功能，配置的优先级就是其方法名：

```
/**
 * Adds a severity override for the given issues.
 */
public void fatal(String id) {
    severities.put(id, FATAL);
}

/**
 * Adds a severity override for the given issues.
 */
public void fatal(String... ids) {
    for (String id : ids) {
        fatal(id);
```

```
    }
}

/**
 * Adds a severity override for the given issues.
 */
public void error(String id) {
    severities.put(id, ERROR);
}

/**
 * Adds a severity override for the given issues.
 */
public void error(String... ids) {
    for (String id : ids) {
        error(id);
    }
}

/**
 * Adds a severity override for the given issues.
 */
public void warning(String id) {
    severities.put(id, WARNING);
}

/**
 * Adds a severity override for the given issues.
 */
public void warning(String... ids) {
    for (String id : ids) {
        warning(id);
    }
}

/**
 * Adds a severity override for the given issues.
 */
public void ignore(String id) {
    severities.put(id, IGNORE);
}

/**
 * Adds a severity override for the given issues.
 */
```

```
public void ignore(String... ids) {
    for (String id : ids) {
        ignore(id);
    }
}

/**
 * Adds a severity override for the given issues.
 */
public void informational(String id) {
    severities.put(id, INFORMATIONAL);
}

/**
 * Adds a severity override for the given issues.
 */
public void informational(String... ids) {
    for (String id : ids) {
        informational(id);
    }
}
```

以上详细介绍了 Lint 的每个配置，基本上涵盖了 Lint 的方方面面，只要理解了这些配置，就可以根据自己的项目配置想要的 Lint 检查规则。

配置好之后，我们就可以运行检查，查看生成报告了。要运行 Lint 检查非常简单，只需在终端里执行./gradlew lint 即可，默认生成的报告在 outputs/lint-results.html 下，可以前往查看，然后根据报告优化自己的应用。

本章到这里就结束了，主要讲了 Android Gradle 的测试，包括本地单元测试和 Instrument 测试，以及代码覆盖率和 Lint 检查支持，这些都是手段，用来保障我们的产品质量。

第 13 章　Android Gradle NDK 支持

Android NDK 可以让我们使用 C/C++语言来开发 Android App，比如一些图片的处理，数据的加密等。我们这里不重点讲 Android NDK，关于这部分知识，可以参考官方文档，学习如何使用 Android NDK；如何调用第三方库等，参考文档 https://developer.android.com/ndk/guides/index. html。我们这里主要介绍 Android Gradle 对 NDK 构建的支持，如何通过 Gradle 编译 C/C++源码，生成 so 库，以供我们使用。

13.1 环境配置

从 Android Studio 1.3（对应 Android Gradle 1.3）就开始支持 NDK 开发，我们可以运行和调试 C/C++代码，但是它一直是一个预览版，并没有真正公开，这个从官方的 Android Gradle DSL 文档没有提供 NDK 的配置就能看出来。虽然官方并没有公开 DSL 文档，但是实际的 Android Gradle 还是支持 NDK 的，从 Android Gradle 的源代码我们就可以看出来，比如 BuildType 或者 ProductFlavor 的 NDK 方法：

```
public void ndk(Action<NdkOptions> action) {
    action.execute(ndkConfig);
    if (!project.hasProperty(USE_DEPRECATED_NDK)) {
        throw new RuntimeException(
                "Error: NDK integration is deprecated in the current plugin.  Conside
                r trying " + "the new experimental plugin.  For details, see " +
                        "http://tools.android.com/tech-docs/new-build-system/gradle-e
                        xperimental.&amp;amp;amp;amp;nbsp; " + "Set \"" + USE_DEPRECA
                        TED_NDK + "=true\" in gradle.properties to " + "continue using
                        the current NDK integration.");
    }
}
```

以上是 NDK 闭包的原型方法，从这个方法的实现中也可以看到，Android Gradle 官方已经不推荐我们再使用 Android Gradle 集成的 NDK 支持了，他们已经把这个 NDK 支持的功能，移到 Experimental Plugin 里，这是一个实验性质的 Android Gradle 插件，改了很多 DSL 的配置，目的是让 Android Gradle DSL 配置更模块化，有兴趣的读者可以参考官方文档介绍 http://tools.android.com/ tech-docs/new-build-system/gradle-experimental。

从上面的源代码的提示中也可以看到，如果还想继续使用现在 Android Gradle（我这里是 Android Gradle 1.5 版本）集成的 NDK 支持，只需要在 gradle.properties 中配置 android.useDeprecatedNdk=true 即可，这样就告诉 Android Gradle，我们还使用它现在自带的 NDK 支持，这样就不会报错了。

现在我们就正式开始配置 NDK。要想在 Android Gradle 中使用 NDK，你得告诉 Android Gradle 你的 Android NDK 路径是什么，这个和我们前面指定的 Android SDK 路径一样，都是在根项目下的 local.properties 文件中配置。不使用 Android NDK 的时候，local.properties 文件的内容配置是这样的：

```
## This file is automatically generated by Android Studio.
# Do not modify this file -- YOUR CHANGES WILL BE ERASED!
#
# This file must *NOT* be checked into Version Control Systems,
# as it contains information specific to your local configuration.
#
# Location of the SDK. This is only used by Gradle.
# For customization when using a Version Control System, please read the
# header note.
#Sat Jan 30 14:28:07 CST 2016

sdk.dir=/home/frame/android/android-sdk
```

sdk.dir 配置的是自己的 Android SDK 目录，现在我们需要 NDK 支持，就需要配置 ndk.dir 所在的目录：

```
sdk.dir=/home/frame/android/android-sdk
ndk.dir=/home/frame/android/android-ndk
```

通过上述程序就成功告诉了 Android Gradle NDK 的目录，这样在编译 C/C++代码生成 so 库时，就会通过 ndk.dir 找到 Android NDK 目录，使用里面的 ndk-build 等工具来构建生成 so 库。

配置好 ndk.dir，还需要在 gradle.properties 里配置 android.useDeprecatedNdk，把它设置为 true，这样我们才可以使用 Android Gradle 自带集成的 NDK 支持：

```
android.useDeprecatedNdk=true
```

以上都配置好之后，就完成了 Android Gradle NDK 支持的初始化，下一节我们就开始介绍 C/C++的编译，这包括它们存放在哪里，如何生成 so 库，如何配置 so 库的名字等。

13.2 编译 C/C++源代码

有了以上的配置之后，我们就可以编写自己的 C/C++代码，然后编译成 so 文件了，这里其实就是 Java jni 的开发。这里我们以获取一个字符串为例，来演示在 Android 里的用法。

在 Android Gradle 的项目结构中，jni(C/C++)和 Java 文件是一样的，它们也是作为某一个 SourceSet 的一部分，比如 Java 目录是 main 这个 SourceSet 的一部分，其路径是 main/java；还有比如 res 这个资源也是，路径是 main/res。那么对于我们的 C/C++源文件也是一样的，它也有自己的目录，路径是 main/jni。

首先我们新建一个 HelloWorld 的 Java 类，定义一个 Native 方法。

```
package org.flysnow.app.example132;

/**
 * @author 飞雪无情
 * @since 16-6-1 下午 9:24
 */
public class HelloWorld {
    public native String getHelloWorld();
}
```

然后我们找到生成的 class 文件，使用 javah 这个命令生成需要的 jni 头文件。class 文件一般在 build/intermediates/classes/debug 目录下。我们打开终端，到这个目录下，然后执行下面的语句：

```
classes/debug$ javah -jni org.flysnow.app.example132.HelloWorld
```

即可在 debug 目录下生成需要的 jni 头文件 org_flysnow_app_example132_HelloWorld.h，然后把这个头文件复制到我们的 main/jni 目录下即可。

```
/* DO NOT EDIT THIS FILE - it is machine generated */
#include <jni.h>
/* Header for class org_flysnow_app_example132_HelloWorld */

#ifndef _Included_org_flysnow_app_example132_HelloWorld
#define _Included_org_flysnow_app_example132_HelloWorld
#ifdef __cplusplus
extern "C" {
#endif
/*
 * Class:     org_flysnow_app_example132_HelloWorld
 * Method:    getHelloWorld
 * Signature: ()Ljava/lang/String;
 */
JNIEXPORT jstring JNICALL Java_org_flysnow_app_example132_HelloWorld_getHelloWorld
  (JNIEnv *, jobject);

#ifdef __cplusplus
}
#endif
#endif
```

现在有了头文件，我们只需要实现它定义的方法即可。在 jni 下新创建一个 org_flysnow_app_example132_HelloWorld.c 文件，然后实现 Java_org_flysnow_app_example132_HelloWorld_getHelloWorld 方法：

```
//
// Created by flysnow on 16-6-1.
//
#include "org_flysnow_app_example132_HelloWorld.h"

JNIEXPORT jstring JNICALL Java_org_flysnow_app_example132_HelloWorld_getHelloWorld
  (JNIEnv *env, jobject obj){
  return (*env)->NewStringUTF(env,"你好,《Android Gradle 权威指南》的朋友们");
}
```

实现好之后，我们就需要配置 so 库的模块名了，这个是在 build.gradle 脚本文件里配置的：

```
android {

    compileSdkVersion 23
```

```
    buildToolsVersion "23.0.1"

    defaultConfig {
        applicationId "org.flysnow.app.example132"
        minSdkVersion 14
        targetSdkVersion 23
        versionCode 1
        versionName '1.0.0'

        ndk {
            moduleName 'helloworld'
        }
    }
    buildTypes {
        release {
            minifyEnabled true
            proguardFiles getDefaultProguardFile('proguard-android.txt'), 'proguard-
            rules.pro'
            zipAlignEnabled true
        }
    }
}
```

程序里是通过NDK这个闭包来配置的，它是ProductFlavor的一个方法，我们在13.1节已经讲过了。该闭包接收的是一个NdkOptions类型的参数作为其配置，目前使用到的是moduleName，它是NdkOptions的一个属性，用于配置so的模块名，用于加载库的时候使用：

```
@Override
@Input @Optional
public String getModuleName() {
    return moduleName;
}

public void setModuleName(String moduleName) {
    this.moduleName = moduleName;
}
```

该NdkOptions还有好几个配置项，我们下面都会一一介绍。现在我们配置了模块名，就可以在Java类中加载这个so模块了，这样Native方法才可以使用：

```
public class HelloWorld {
    static {
        System.loadLibrary("helloworld");
```

```
    }
    public native String getHelloWorld();
}
```

修改 HelloWorld 这个类，增加一个 static 静态代码块，然后把 helloworld 这个 so 加载进来即可。现在一切具备了，只要我们在需要的地方，调用这个 HelloWorld 类的 getHelloworld 方法即可返回在 C 里定义的字符串。我们在 MainActivity 中使用：

```
public class MainActivity extends Activity {

    @Override
    protected void onCreate(Bundle savedInstanceState) {
        super.onCreate(savedInstanceState);
        setContentView(R.layout.activity_main);

        HelloWorld helloWorld = new HelloWorld();

        ((TextView)findViewById(android.R.id.text1)).setText(helloWorld.getHelloWorld
());
    }

}
```

程序写到这里，我们需要对使用编译的 Api Level 做一下重点说明，例子中使用的是 23 级别。

```
android {

    compileSdkVersion 23
    buildToolsVersion "23.0.1"
}
```

当我们进行 NDK 开发的时候，级别是不能乱用的，这个级别必须是 NDK 支持的。这是什么意思呢？也就是说，我们说的这个 API 级别，在 Android NDK 中也要存在。我们都知道 Android SDK 分 API 4、5、6...14、15...18...23 等，其实 Android NDK 也是这么划分的，以目前最新的 android-ndk-r11c 版本为例，它就支持 3、4、5、8、9、12、13、14、15、16、17、18、19、21、23、24 这些 API 级别。所以配置的时候就得配置 Android SDK 和 Android NDK 都存在的 API 级别，否则找不到相应的 NDK 就会报找不到 jni.h 这个错误。

以上我们通过 Android Gradle 完成了 C/C++的编译，这个过程要比以前我们直接写 Android.mk 要简单得多，而且 Android Gradle 能自动实现构建。其实最终的编译也是根据 Android.mk 来做的，这些 Android Gradle 配置都会被转换成 Android.mk 里的配置，这个文件由 Android Gradle 自动生成以供 ndk-build 使用。默认情况下，该文件在 build/intermediates/ndk 下，可以前往查看：

```
LOCAL_PATH := $(call my-dir)
include $(CLEAR_VARS)

LOCAL_MODULE := helloworld
LOCAL_LDFLAGS := -Wl,--build-id
LOCAL_SRC_FILES := \
  /home/android-gradle-book-code/chapter13/example132/src/main/jni/org_flysnow_app_
example132_HelloWorld.c \

LOCAL_C_INCLUDES += /home/android-gradle-book-code/chapter13/example132/src/main/jni
LOCAL_C_INCLUDES += /home/android-gradle-book-code/chapter13/example132/src/debug/jni

include $(BUILD_SHARED_LIBRARY)
```

从上面生成的 Android.mk 文件可以看到配置的信息，比如模块名等。

13.3 多平台编译

默认情况下，生成的 so 文件包含 4 个平台架构：armeabi、armeabi-v7a、mips、x86。有时候不需要那么多，只需要其中几个特定平台架构，这样可以减少生成的 apk 包的大小。比如大部分情况下只要 armeabi-v7a 和×86 的就够了，这时就可以通过 NDK 闭包中的 abiFilters 方法来配置，指定我们需要生成的平台架构：

```
android {

    compileSdkVersion 23
    buildToolsVersion "23.0.1"

    defaultConfig {
        applicationId "org.flysnow.app.example132"
        minSdkVersion 14
        targetSdkVersion 23
        versionCode 1
        versionName '1.0.0'

        ndk {
```

```
            moduleName 'helloworld'
            abiFilters 'armeabi-v7a','x86'
        }
    }


}
```

示例中我们使用 abiFilters 方法配置了两个平台架构，abiFilters 方法接受一个可变参数。所以我们可以同时配置多个平台架构：

```
@NonNull
public NdkOptions abiFilters(String... filters) {
    if (abiFilters == null) {
        abiFilters = Sets.newHashSetWithExpectedSize(2);
    }
    Collections.addAll(abiFilters, filters);
    return this;
}
```

除了 abiFilters 方法外，还有一个 abiFilter 方法，只不过它一次只能配置一个平台架构，如果要达到和上面示例中一样的效果需要配置两次：

```
android {


    compileSdkVersion 23
    buildToolsVersion "23.0.1"

    defaultConfig {
        ndk {
            moduleName 'helloworld'
            //abiFilters 'armeabi-v7a','x86'
            abiFilter 'armeabi-v7a'
            abiFilter 'x86'
        }
    }
}
```

这样也可以达到同样的效果，只不过麻烦一些。所以大部分情况都是使用 abiFilters 一次配置一个或者多个。我们看一下 abiFilter 这个配置单个平台架构方法的原型：

```
@NonNull
public NdkOptions abiFilter(String filter) {
    if (abiFilters == null) {
```

```
            abiFilters = Sets.newHashSetWithExpectedSize(2);
        }
        abiFilters.add(filter);
        return this;
    }
```

以上配置就是我们可以选择配置各个架构平台的方法，大家可以根据自己业务的实际情况来选择。

13.4 使用第三方的 so 库

有时候在使用第三方提供的 SDK 的时候，可能会附带有 so 库。因为第三方 SDK 的一些功能封装到了 so 库里，所以需要和 so 库一起才能使用，在引用的时候只需要把第三方给的 so 库放到特定的目录即可，这个目录就是 src/main/jniLibs，和我们的 jni 目录是平级的。

如果你的 so 库是×86 架构的，那么就要把这个 so 库放在 src/main/jniLibs/×86/目录下；如果是 armeabi-v7a 架构的，就放在 src/main/jniLibs/armeabi-v7a/目录下，其他架构的以此类推，存放格式为 src/main/jniLibs//。

13.5 使用 NDK 提供的库

Android NDK 提供了很多好用的 so 库，比如日志库 liblog、压缩库 libz、Android 本身应用库 libandroid 等，这些在项目中都可以随意使用。要使用它们得对它们配置引用，这样才可以使用。在 Application.mk 中使用 LOCAL_LDLIBS 来配置；在 Android Gradle 中，也为我们提供了同样功能的配置函数 ldLibs，它是闭包 NDK 的一个方法，有两种使用方式，一种是只能传递一个参数的，另一个可以传递多个参数：

```
@NonNull
public NdkOptions ldLibs(String lib) {
    if (ldLibs == null) {
        ldLibs = Lists.newArrayList();
    }
    ldLibs.add(lib);
    return this;
}
```

```
@NonNull
public NdkOptions ldLibs(String... libs) {
    if (ldLibs == null) {
        ldLibs = Lists.newArrayListWithCapacity(libs.length);
    }
    Collections.addAll(ldLibs, libs);
    return this;
}
```

比如我们要使用 liblog 日志库和 libz 压缩库，可以这么配置：

```
android {
    compileSdkVersion 23
    buildToolsVersion "23.0.1"

    defaultConfig {
        applicationId "org.flysnow.app.example132"
        targetSdkVersion 23

        ndk {
            moduleName 'helloworld'
            ldLibs 'log','z'
        }
    }
}
```

以上配置的值必须是 moduleName，不能带有 lib 前缀，比如示例中的 log 和 z，都是 moduleName，没有带 lib 前缀。

配置后就可以在 C/C++源文件里使用它们了，我们这里以 log 打印日志为例：

```
//
// Created by flysnow on 16-6-1.
//
#include <android/log.h>
#include "org_flysnow_app_example132_HelloWorld.h"

JNIEXPORT jstring JNICALL Java_org_flysnow_app_example132_HelloWorld_getHelloWorld
  (JNIEnv *env, jobject obj){
    __android_log_print(ANDROID_LOG_INFO,"HelloWorld","测试 Android Log 日志打印");
  return (*env)->NewStringUTF(env,"你好,《Android Gradle 权威指南》的朋友们");
}
```

从示例中可以看到，我们新包含了 android/log.h 这个头文件，它包含了声明的一些方法可供我们使用。我们这里使用的是__android_log_print 这个方法，打印了一串 ANDROID_LOG_INFO 级别的信息。

13.6 C++库支持

默认情况下，Android 平台提供了一个非常小的 C++运行库（libstdc＋＋），它有很多特性并不被支持，比如连标准的 C++库都未完全支持；还有 C++对异常的处理以及 RTTI（RunTime Type Information，即运行时类型识别）。如果我们在进行 Android NDK 开发的时候又想使用这些 C++的特性怎么办？为此 Android 也为我们提供了其他的几个 C++运行库，它们支持的特性各不相同，我们可以根据情况使用它们。

（1）libstdc++，默认的，迷你版的 C++运行库。

（2）gabi++_static，GAbi++运行库，静态的，支持 C++异常和 RTTI 特性。

（3）gabi++_shared，GAbi++运行库，动态的，支持 C++异常和 RTTI 特性。

（4）stlport_static，STLport 运行库，静态的，支持 C++异常、RTTI 和标准库。

（5）stlport_shared，STLport 运行库，动态的，支持 C++异常、RTTI 和标准库。

（6）gnustl_static，GNU STL，静态的，支持 C++异常、RTTI 和标准库。

（7）gnustl_shared，GNU STL，动态的，支持 C++异常、RTTI 和标准库。

（8）c++_static，LLVM libc++运行库，静态的，支持 C++异常、RTTI 和标准库。

（9）c++_shared，LLVM libc++运行库，动态的。

从上面所列的项中我们可以看到，除了默认的，一共有 4 组，8 个额外的 C++运行库，各分为静态库和动态库。有了这些额外的运行库，就可以根据我们的需求来选择使用它们了，要想使用它们，需要配置引用它们。

在 Application.mk 中，可以通过 APP_STL 变量来配置使用的 C++运行库，比如：

```
APP_STL := gnustl_static
```

那么在 Android Gradle 中如何配置使用它们呢？还记得我们前面章节讲的 NdkOptions 吗？它有一个属性 stl，接受一个字符串格式的参数，可以用来指定运行的 C++库：

```
android {
    defaultConfig {
        ndk {
            moduleName 'helloworld'
            //abiFilters 'armeabi-v7a','x86'
            abiFilter 'armeabi-v7a'
            abiFilter 'x86'
            ldLibs 'log','z'
            stl 'gnustl_static'
        }
    }
}
```

以上示例中我们配置了使用 gnustl_static 这个 C++运行库，如果要想使用其他的 C++运行库，修改 stl 的配置即可。

C++异常支持在 NDK r5 版本之后都是可用的。但是为了早期版本的兼容性，在编译 C++源代码的时候，默认都是加了-fno-exceptions 标记的，表示不启用 C++异常支持。如果我们需要启用，需要进行特殊配置启用。在 Android.mk 中添加如下配置即可启用：

```
APP_CPPFLAGS += -fexceptions
```

在 Android Gradle 中也有一个配置具有同样的功能，它就是 NdkOptions 的属性 cFlags：

```
android {

    defaultConfig {

        ndk {
            moduleName 'helloworld'
            //abiFilters 'armeabi-v7a','x86'
            abiFilter 'armeabi-v7a'
            abiFilter 'x86'
            ldLibs 'log','z'
            stl 'gnustl_static'
            cFlags '-fexceptions'
        }
    }
}
```

如果我们要启用 RTTI 支持也是一样操作，同样在 cFlags 里指定即可：

```
android {

    defaultConfig {

        ndk {
            moduleName 'helloworld'
            //abiFilters 'armeabi-v7a','x86'
            abiFilter 'armeabi-v7a'
            abiFilter 'x86'
            ldLibs 'log','z'
            stl 'gnustl_static'
            cFlags '-fexceptions -frtti'
        }
    }
}
```

到这里，这一章就讲完了，这一章主要讲解了如何在 Android Gradle 中配置 NDK 支持。对 NDK 的具体使用以及相关 C/C++的开发并未讲太多，大家有兴趣可以参考相关书籍。

第 14 章　Android Gradle 持续集成

持续集成是软件开发流程中，非常重要的一个环节，它可以让我们不断集成整个团队的产出，然后通过一系列的流程工具进行自动检测，提前发现可能存在的问题。这一章主要讲持续集成的重要性以及结合 Android Gradle 自动构建的实施，让我们理解持续集成的重要性，以便于提高工作效率和产品质量。

14.1 什么是持续集成

持续集成，关键在于两点：持续和集成。持续意味着每天至少一次，甚至多次产品开发；集成意味着所有相关的代码工作都要汇聚在一起，这样才可以及时发现问题。它是一种软件开发的实践，是为了尽可能早发现可能存在的问题，所以就需要经常把代码放在一起，构建成整体，执行单元测试，做代码静态检查等。

持续集成都是基于一个自动化的构建系统，它可以自动获取你的代码，编译你的代码，测试你的代码，检查你的代码，验证你的系统，甚至发布系统等。在这个过程中，全部是自动化完成，效率高，潜在问题发现早，非常有利于团队协作。

14.2 持续集成的价值

持续集成的价值很多，这里列举几个，让大家知道持续集成的重要性，体会到持续集成的好处，以便在团队中更早引入持续集成。

持续集成的第一个好处就是可以尽可能早发现问题，减少风险。目前的软件开发中，产品复杂、代码庞大、人员多，且是很多人的协同开发。那么如何才能保证团队中每个人开发的代码质量，找到不同人之间的代码融合问题呢？这在团队开发中很普遍，如果解决不了，就会问题一大堆，产品延期。

要解决这个问题，我们一般都是团队讨论一下，把各自的问题列出来，大家如何做的说出来，然后评估有没有问题。从这可以看出，大家只讨论，没有运行整个项目。那么为何不让每个人开发的代码聚合在一起呢？这样每个人都不用参与讨论了，还浪费时间，所以就有了持续集成。

把每个人写的代码都合并到一起，然后交给持续集成平台进行编译、检查，进行系统的单元测试、发布部署，这个过程每天至少一次，可以多次。在整体运行中有问题时，我们可以提前发现，减少正式上线的风险。

第二个显而易见的好处就是提高开发效率。因为我们借助了持续集成的平台来做开发，我们定义好测试、发布部署的步骤，平台按步骤等都帮我们自动做了，在平台做的过程中，我们可以继续做我们自己的工作，互不影响，大大提高了开发效率，还能减少重复的劳动，这就是使用工具代替人工的好处。

第三个就是整个开发团队对项目有信心。为什么呢？因为每次构建都会有最终的构建报告啊，会告诉我们哪里存在问题，如果没有，那我们心里就有谱了，项目发布上线的时候，心里更有信心了。

14.3 Android Gradle 持续集成

基于 Android Gradle 的持续集成非常好做，因为 Android Gradle 本身就是构建工具，我们在自己本地构建的时候，其实就是在执行 Android Gradle 脚本定义的所有构建。而持续构建是通过一个构建平台，自动帮我们做这些，持续集成一般是开发者推送代码到代码仓库的时候。

持续集成的平台有不少，开源的比较有名的是 Jenkins，比较大的公司也会自己开发自己的持续集成平台。持续集成平台其实就是一个按一定工作流触发某个动作的一个平台，以 Android 为例，简单如下。

（1）从 git 版本库获取更新代码。

（2）对代码配置等进行预处理。

（3）执行 Android Gradle 的 Task（做很多事情：编译、单元测试等）。

（4）生成单元测试报告和覆盖率文件等。

（5）触发代码静态检查。

（6）一些构建后的处理，比如邮件通知等。

构建平台会把这些步骤作为平台的标准组件内置，在我们需要配置一个构建的时候，只需选择这些组件，然后填入相应的配置参数，就可以保存为一个构建任务。图 14-1 是 Jenkins 这个持续集成平台中对于 Gradle 构建的配置。

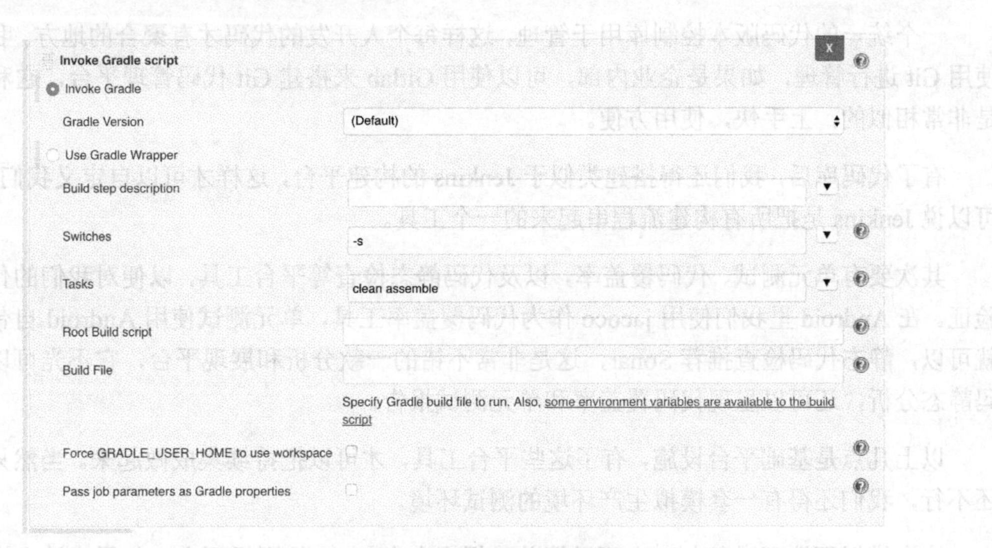

▲图 14-1 Jenkins Gradle 配置

在这个 Jenkins 系统中 gradle plugin 这个插件提供的关于 Gradle 构建的配置，非常清晰明了。Switches 是配置开关的意思，比如这里开启错误输出，填入-s 即可，和运行./gradlew 里的那些命令行开关是一样的。

Tasks 里填入我们需要执行的 Gradle 任务，多个任务以空格分开，任务名和我们使用./gradlew 执行时使用的也一样。

其他的比如从 git 仓库中获取代码，以及构建后的一些操作，可以参见更详细的 Jenkins 文档，这里不一一介绍。

我们配置好保存后就是一个 Jenkins Job 了，我们可以执行它，它会按配置自动为我们触发构建。此外我们也可以配置定时构建或者代码推送的时候构建，这就完成了整个持续构建系统，让我们的开发效率更高，产品质量更好，更容易提前发现问题。

14.4 怎样更好地做持续集成

持续集成，就是要不断把所有改动合并到一起，验证以发现其中的问题，如果没有问题，那更好，项目通过了。所以如果想更好地做持续集成，得有一些先决条件，首先你得有一个统一的代码版本控制管理库。

一个统一的代码版本控制库用于管理，这样每个人开发的代码才有聚合的地方。我们可以使用 Git 进行管理，如果是企业内部，可以使用 Gitlab 来搭建 Git 代码管理平台，它和 Github 是非常相似的，上手快，使用方便。

有了代码库后，我们还得搭建类似于 Jenkins 的构建平台，这样才可以自定义我们的构建，可以说 Jenkins 是把所有构建流程串起来的一个工具。

其次要有单元测试、代码覆盖率，以及代码静态检查等平台工具，以便对我们的代码进行验证。在 Android 里我们使用 jacoco 作为代码覆盖率工具，单元测试使用 Android 自带的工具就可以，静态代码检查推荐 Sonar，这是非常不错的一款分析和展现平台，它不光可以进行代码静态分析，还可以呈现代码覆盖率和单元测试报告。

以上几点是基础平台设施，有了这些平台工具，才可以把持续集成做起来。当然只有这些还不行，我们还得有一套模拟生产环境的测试环境。

这套模拟环境可以复杂，也可以简单，根据自身 App 的逻辑而定，如果牵涉多端交互太多，可能就要麻烦一些；如果是单机应用，就使用单元测试代码模拟。

我们还得每天向代码库的主干提交代码，这样我们的代码修改才可以每天源源不断汇集到一起，才能一起进行验证。

然后代码提交的时候，还得要触发一次自动构建，这样才是持续的，才可以尽可能早发现合并后的问题。

发现的问题要及时修改，每个参与的人都可以很快获取最新的修改后的代码。要做到这些需要每个人都清楚整个代码库的构建情况，是通过了还是失败了，失败了是什么问题导致的，谁负责修复，是否修复好了，是不是该更新一下最新的代码等。

以上就是想做好持续集成要做的一些先决条件，有了这些持续集成才可以做，才可以尝试做得更好。

14.5 人才是关键

要更好地做好持续集成，除了必需的先决条件外，人才是关键。首先我们得有一个负责任的带头人，可以是项目经理或者骨干员工，由他负责和跟进这件事情，协调和解决使用持续集成中遇到的问题。

其次我们每个开发者，必须要自己先在本机测试后才可以提交代码到主干，不能不测试，就直接提交，这样大部分情况下都会导致构建失败，效率低下。所以要先自己测试好，如功能有没有完全实现，单元测试有没有覆盖全，静态代码分析有没有执行，并且修改发现的问题。在自己力所能及的范围内，尽可能做得更多，这样合并代码的时候问题才会最少。

然后是频率问题，开发者必须每天要提交自己的代码，更新最新的代码，要经常和最新的代码保持一致，不然三五天甚至一周都没有同步代码，可能都不知道其他开发者做了什么，和自己的代码有什么冲突。这样如何能保证质量？更谈不上持续集成了。持续集成，分开理解就是两个关键点：一个要持续，一个要集成。

还有保证我们的每次构建都要通过，是 100%的通过，不要觉得这次失败了，一看问题简单，就不想改或者下次一起改，不能有这种习惯。如果有这种习惯的话，持续集成就做不起来了，因为每个人都会仿效，持续集成就失去意义了。我们应该第一时间修复发现的问题，确保集成 100%通过。

最后要确保每个人构建的目标都是可以发布的产品，而不是一个测试版甚至半成品，这是我们构建的目标，如果没有达到，就继续构建，达到为止，不能行百里者半九十，功亏一篑，这个需要负责人和所有参与者都有这个共识。

持续集成，是我们开发流程的一部分，可以高效保证我们产品的质量，我们要积极使用它，借助它，但是不能完全信任它。实行持续集成是一个长期的过程，需要不断改进和完善，最终才可以形成一套适用于自己团队的持续集成流程和平台。

欢迎来到异步社区！

异步社区的来历

异步社区 (www.epubit.com.cn) 是人民邮电出版社旗下 IT 专业图书旗舰社区，于 2015 年 8 月上线运营。

异步社区依托于人民邮电出版社 20 余年的 IT 专业优质出版资源和编辑策划团队，打造传统出版与电子出版和自出版结合、纸质书与电子书结合、传统印刷与 POD 按需印刷结合的出版平台，提供最新技术资讯，为作者和读者打造交流互动的平台。

社区里都有什么？

购买图书

我们出版的图书涵盖主流 IT 技术，在编程语言、Web 技术、数据科学等领域有众多经典畅销图书。社区现已上线图书 1000 余种，电子书 400 多种，部分新书实现纸书、电子书同步出版。我们还会定期发布新书书讯。

下载资源

社区内提供随书附赠的资源，如书中的案例或程序源代码。

另外，社区还提供了大量的免费电子书，只要注册成为社区用户就可以免费下载。

与作译者互动

很多图书的作译者已经入驻社区，您可以关注他们，咨询技术问题；可以阅读不断更新的技术文章，听作译者和编辑畅聊好书背后有趣的故事；还可以参与社区的作者访谈栏目，向您关注的作者提出采访题目。

灵活优惠的购书

您可以方便地下单购买纸质图书或电子图书，纸质图书直接从人民邮电出版社书库发货，电子书提供多种阅读格式。

对于重磅新书，社区提供预售和新书首发服务，用户可以第一时间买到心仪的新书。

用户账户中的积分可以用于购书优惠。100 积分 =1 元，购买图书时，在 0 使用积分 里填入可使用的积分数值，即可扣减相应金额。